KB057773

비행기 역학 교과서

HOW AIRCRAFT MOVE THROUGH THE AIR

비행기 역학 교과서

인문지식인을 위한
비행기가 하늘을 날아가는 힘의 메커니즘 해설

고바야시 아키오 지음 | **전종훈** 옮김 | **임진식** 감수

보누스

비행기를 날게 하는 힘은 무엇인가

오늘날 비행기는 우리에게 친근한 교통수단이다. 해외로 나갈 때는 말할 필요도 없고, 국내에서 멀리 떨어진 곳에 갈 때도 비행기를 이용하는 일이 당연해졌다.

이렇게 당연해졌다 해도 비행기는 우리에게 여전히 흥미로운 존재다. 점보 제트기와 초음속 전투기는 복잡하고 정교한 구조로 우리를 놀라게 하며, '무착륙 무급유'로 세계 일주에 성공한 루탄 보이저나 100km가 넘는 거리를 사람의 힘으로만 비행한 다이달로스는 인류의 오랜 꿈을 이어간다.

비행기는 오늘날 외관도, 크기도, 성능도 너무나 다양해졌다. 그래서 비행기는 왜 저런 모양인지, 수백 톤이나 되는 무거운 비행기는 어떻게 하늘을 나는지, 어떻게 안정적으로 비행하는지 궁금해도 쉽사리 답을 찾기 어렵다.

라이트 형제의 비행기 이후 오늘날의 비행기가 등장하기까지

100여 년이라는 시간이 흘렀다. 그동안 항공 공학을 설명하는 서적은 많이 나왔다. 그러나 비행기에 관한 기본적인 질문에 누구나 이해하도록 차근차근 설명한 책은 찾기 힘들다. 비행기를 보거나 탈 기회가 많은 데 비해 비행기를 보며 생기는 궁금증을 쉽게 풀어주는 책이 적다는 사실이 늘 아쉬웠다.

오랜 시간 동안 모형 비행기에 흥미를 가지고 취미로 삼아 만들어왔다. 보통 모형 비행기는 간단히 만들어서 쉽게 날릴 수 있다고 생각한다. 하지만 대회에 참가할 정도로 완성도를 높이려면, 공기 역학과 기체 강도에 관한 지식을 총동원해야만 한다. 당연하게도 과학 지식 없이 만들면 잘 날지 않는다. 기초 이론에 근거해 과학적으로 접근해야 한다. 그렇게 모형 비행기를 제작하면서 실패 경험과 성공 비결을 기록했더니 벌써 노트가 여러 권 쌓였다.

이렇게 '체험'으로 익힌 항공 역학을 바탕으로 누구나 비행기의 과학 원리를 쉽게 이해할 수 있도록 이 책을 썼다. 따라서 책에서 항법과 통신 수단 같은 지원 시스템을 소개하지는 않았지만, 핵심이 되는 비행 원리는 모두 담았다.

전문가가 아니더라도 항공 역학을 쉽게 이해하고 직접 체험해 볼 수 있도록 모형 비행기를 바탕으로 설명했다. 구조가 단순해서 비행기의 원리를 바로 알 수 있고, 조종법도 스스로 익힐 수 있다.

이 책을 읽고 비행 원리를 잘 이해한다면 저자로서 그보다 기쁜 일은 없을 것이다. 이 책을 집필하며 많은 문헌과 자료를 참고했다. 책의 말미에 참고한 자료를 표기하여 각 저자에게 감사의 마음을 전한다. 또한, 책에 들어갈 사진을 제공해주신 분들의 많은 도움 덕분에 수월하게 집필할 수 있었다. 이 책이 세상에 나오는 데 지도와 조언을 아끼지 않고 함께 해준 분들에게 이 자리를 빌려 큰 감사의 마음을 전한다.

고바야시 아키오

차 례

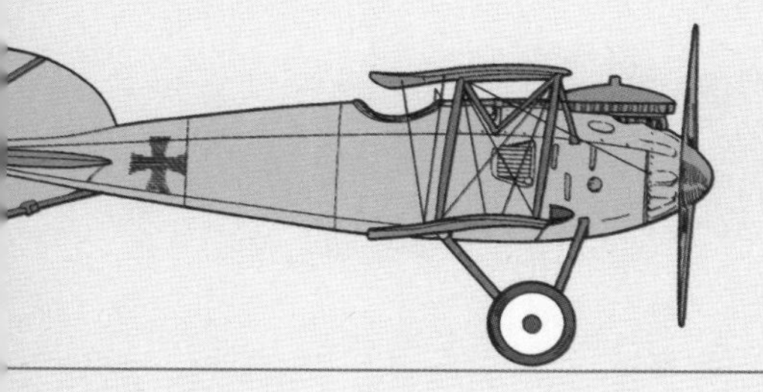

머리말 비행기를 날게 하는 힘은 무엇인가 4

Chapter 1 **비행기의 모양은 어떻게 결정하는가**
: 비행기의 형태

비행기가 날기 위해 필요한 요소 14
다양한 비행기의 형태 17
라이트 형제 이전의 비행기 20
인류 최초의 유인 동력 비행에 성공한 이유 23
오늘날 비행기 형태의 탄생 27
제1차 세계대전을 거치며 실용화된 비행기 30
황금시대를 거치며 한 단계 더 발전한 비행기 35
한계에 도달한 프로펠러 비행기의 성능 40
초음속 비행에 도전한 비행기의 진화 43
비행 원리를 알면 보이는 비행기의 목적 46

Chapter 2 비행기는 어떻게 날 수 있는가 : 비행기의 비행 원리

비행기가 뜨기 위해 필요한 힘 50

양력의 크기를 결정하는 요소 51

무거운 비행기가 떠오르는 원리 55

비행기의 성능을 결정하는 익형 58

날개 표면에서 일어나는 일들 62

이착륙에 필요한 고양력 장치 66

주날개 평면형의 결정 70

비행기가 움직이면 발생하는 공기 저항 76

추력이 없으면 날 수 없는 비행기 82

기체 무게의 일부로 비행하는 글라이더 84

주날개가 제대로 작용하려면 필요한 것들 87

Chapter 3 비행기는 어떻게 안정된 자세를 유지하는가 : 비행기의 비행 자세

비행 자세를 이해하기 위한 세 가지 방향과 축 90

모형 비행기로 알아보는 비행기의 운동 92

작용점과 균형 잡기 96

승강키로 잡는 피칭 균형 100

요잉과 롤링 균형 104

방향키만으로 바꿀 수 없는 비행기 방향 107

언제라도 깨질 수 있는 비행기의 균형 110
수평꼬리날개와 수직꼬리날개의 고유 안정성 111
상반각으로 얻는 롤링 안정 114
주날개 위치에 따른 롤링 안정 효과 120
후퇴각에 존재하는 롤링 안정 효과 124
더치롤이 발생하는 이유 128
안정적으로 모형 비행기 날리기 130

Chapter 4 **비행기는 어떻게 조종하는가**
: 비행기의 조종법

조종사가 활용하는 비행기 조종과 조정 134
비행기가 이륙하는 방법 140
비행기의 상승 조작 142
비행기의 수평 비행 조작 144
세 가지 키를 사용하는 선회 비행 146
역요와 나선 강하 150
하강과 착륙 조작 방법 154
곡예비행도 가능한 모형 비행기 157

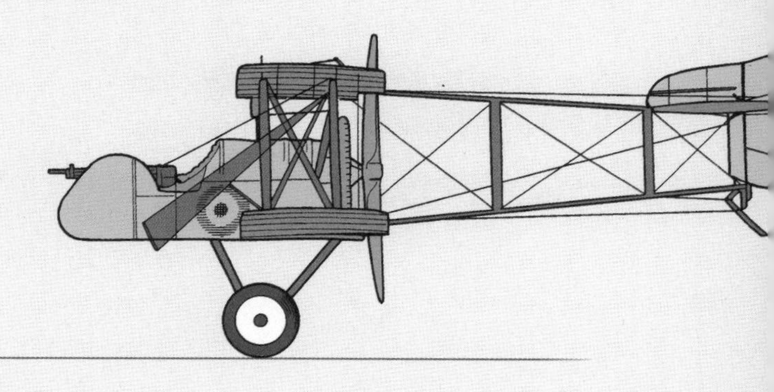

Chapter 5 비행기는 어떤 힘을 견뎌야 하는가
: 비행기의 강도

가벼우면서도 튼튼해야 하는 기체 160
비행기에 가해지는 G의 정체 163
정상 비행 상태에 작용하는 하중 165
기수를 들어 올리면 증가하는 하중 168
돌풍이 발생하면 커지는 G 170
최대 비행 속도를 제한하는 이유 172
착륙할 때의 하중 173
주날개에 가해지는 하중 174
동체에 가해지는 하중 176
비행기 종류마다 정해진 하중 배수 178
비행기를 설계할 때의 안전율 180
'페일 세이프'의 개념 182
전투기보다 튼튼한 모형 비행기 184

Chapter 6 항공 역학을 적용한 모형 비행기의 설계와 비행
: 모형 비행기 제작

설계 단계에서 목적 설정하기 188
모형 비행기를 제작하는 순서 190
설계는 아이디어 스케치부터 193
주날개의 평면형 결정하기 197

무게중심 위치 선정과 수평꼬리날개 결정 200
수직꼬리날개 형태 결정과 측면도 및 정면도 완성 206
비행기 구조 설계 208
제작할 때 주의해야 할 주요 사항 212
시험 비행을 진행하는 방법 215
직진 활공 220
선회 활공 225
하강률을 최소화하는 조정법 228
높게, 더 높게 상승시키는 방법 231
모형 비행기의 설계 사례 237
세계 대회에 등장한 다양한 비행기 형태 244

찾아보기 249
참고자료 254

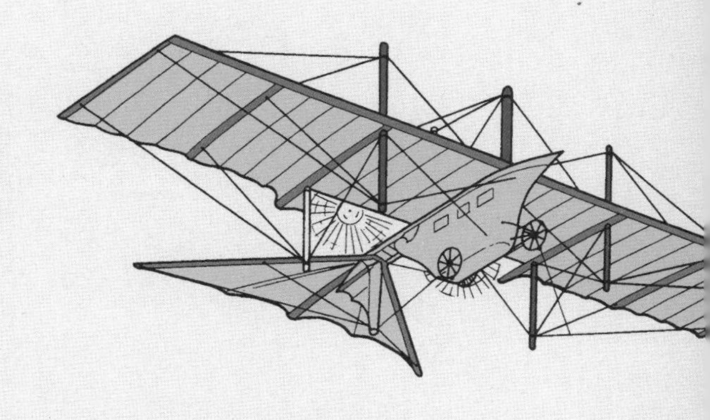

일러두기

- 책에 나오는 모형 비행기는 종이로만 만든 것을 말한다.
- 기본 내용은 2018년을 기준으로 작성했다. 특정 시점을 언급할 때는 본문에 따로 밝혔다.

Chapter 1

비행기의 모양은 어떻게 결정하는가

비행기의 형태

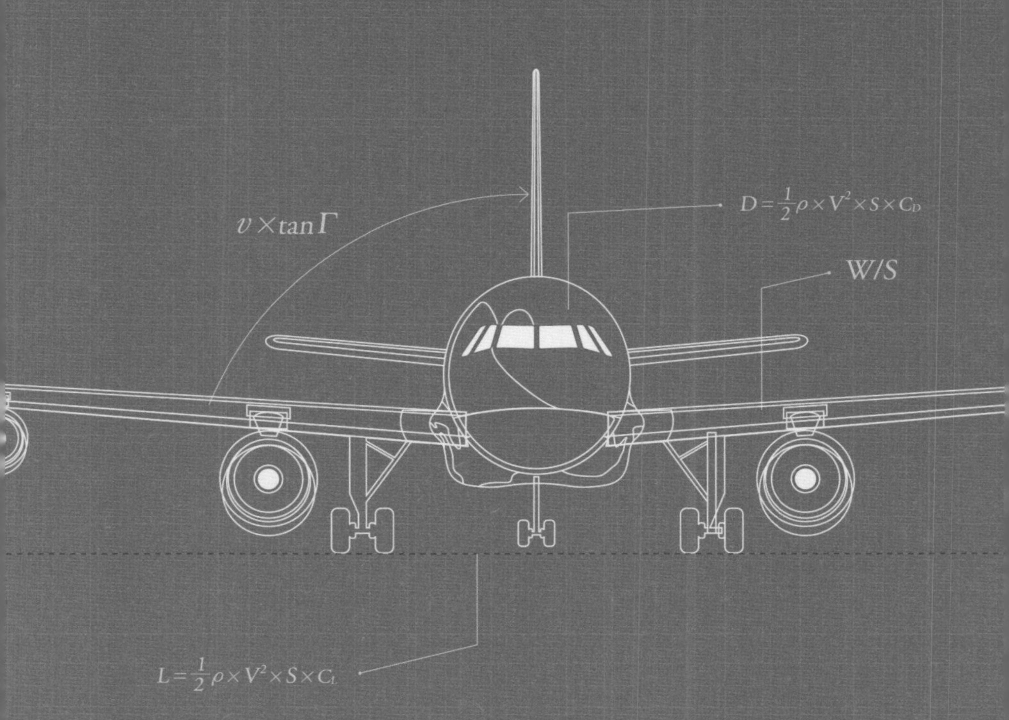

오늘날 비행기 형태는 어떻게 정해진 걸까? 가장 안정적으로 날 수 있는 모양을 찾아 처음부터 오늘날과 같은 모습으로 만들었을까?

그 생각은 맞기도 하고 아니기도 하다. 초음속 제트 전투기부터 최근 유행하는 행글라이더까지, 오늘날 비행기는 모양이 가지각색이다. 비행기마다 다양한 과정을 거쳐서 목적과 용도에 가장 적합한 모양으로 변화해온 것이다.

비행기 모양이 어떻게 정해졌는지 비행기의 역사와 함께 설명하겠다. 지금부터 소개하는 다양한 비행기 모양을 하나하나 살피다 보면, 비행기가 나는 원리를 쉽게 알 수 있다.

비행기가 날기 위해 필요한 요소

— 비행기가 나는 데 기본적으로 필요한 부분의 명칭을 먼저 알아두자. 오늘날 가장 일반적인 비행기 형태인 초대형 제트 여객기를 보면 크게 동체, 주날개, 수평꼬리날개, 수직꼬리날개, 엔진으로 이루어져 있다.(그림 1-1)

동체는 모든 날개를 제외한 몸통만을 일컫는다. 주날개는 동체 중앙에, 수평꼬리날개와 수직꼬리날개는 동체 뒤쪽에 붙어 있다. 이 책에서는 이런 형태를 편의상 '보통형'이라 부른다.

보통형 비행기를 위쪽과 앞쪽에서 보면, 기체 중심선을 기준으로 좌우가 대칭을 이루고 있다. 균형을 잡고 안정적으로 비행하기 위해서는 대칭이 매우 중요하다.

주날개를 위에서 보면 양쪽 날개가 끝으로 갈수록 좁아지는 사다리꼴 모양인 '테이퍼taper익'이다. 뒤로 젖혀진 모양을 '후퇴각'을 가졌다고 한다. 비행기를 앞에서 보면 날개가 동체 아래에

그림 1-1 비행기가 날기 위해 필요한 부분

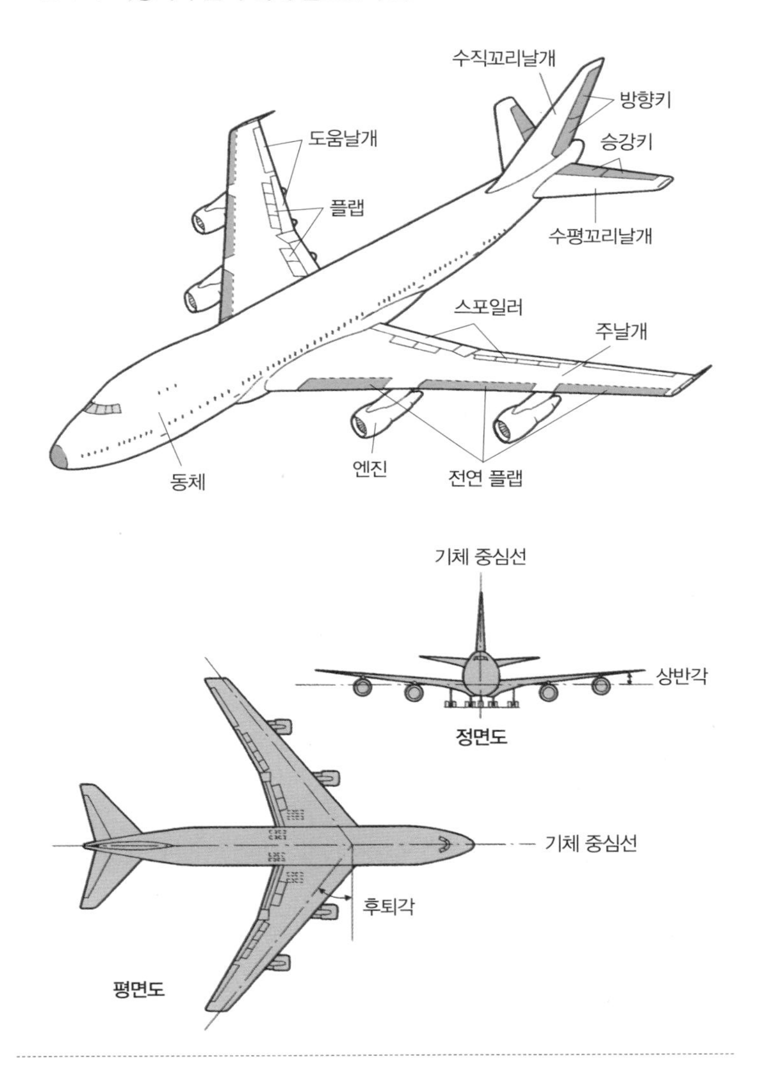

붙은 모습을 확인할 수 있다. 이를 '저익식'低翼式이라 한다. 날개는 끝에 갈수록 위로 올라가는 '상반각'을 가졌다.

다음으로 동체 뒷부분의 수평꼬리날개를 위에서 보면, 주날개와 마찬가지로 후퇴각을 가진 테이퍼익이다. 앞에서 보면 상반각이 있다. 수직꼬리날개도 옆에서 보면, 역시 후퇴각을 가진 테이퍼익이다.

날개에 붙은 각종 키를 살펴보자. 키는 비행기의 비행 방향이나 자세를 바꾸는 데 사용하는 부품이다. 상하좌우로 굽혀 비행기를 원활하게 조종할 수 있도록 돕는다. 주날개에는 '도움날개'aileron '플랩' '스포일러'가, 수평꼬리날개에는 '승강키'elevator가, 수직꼬리날개에는 '방향키'rudder가 달려 있다. 키의 역할은 뒤에서 더욱 자세히 설명하겠다.

모형 비행기에는 실제 비행기와 달리 키가 없다. 하지만 실제 비행기의 각 키에 해당하는 위치를 약간씩 굽히면 실제 비행기의 키와 같은 기능을 한다.

뒤에 소개할 라이트 형제의 플라이어호도 이런 형태였을까? 플라이어호는 주날개의 일부분이 도움날개의 기능을 대신했다. 주날개를 이용해 조종할 수 있도록 고안된 것이다. 라이트 형제가 세계 최초로 유인 동력 비행에 성공한 주요한 이유가 바로 여기에 있다.

다양한 비행기의 형태

— 그림 1-2(18쪽)는 오늘날 대표적인 비행기 형태를 보여준다. 비행기 형태는 날개 모양이나 위치에 따라 분류된다.

앞서 '보통형'은 오늘날 비행기의 가장 기본적인 형태로, 주날개는 동체의 중앙에, 두 꼬리날개는 동체 뒤쪽에 있다고 말했다. 주날개에 후퇴각은 있기도 하고 없기도 한데, 일반적으로 후퇴각이 있으면 음속에 가까운 속도 또는 초음속으로 비행할 수 있음을 의미한다.

'삼각익'델타익은 주날개 형태가 삼각형으로, 초음속 비행에 적합한 형태다.

한편 보통형과는 반대로 수평꼬리날개를 주날개 앞쪽에 단 비행기도 있다. 이런 형태를 '선미익'canard이라 부르는데, 라이트 형제의 플라이어호도 선미익을 가진 비행기였다. 흥미롭게도 처음

그림 1-2 **다양한 비행기 형태(평면도)**

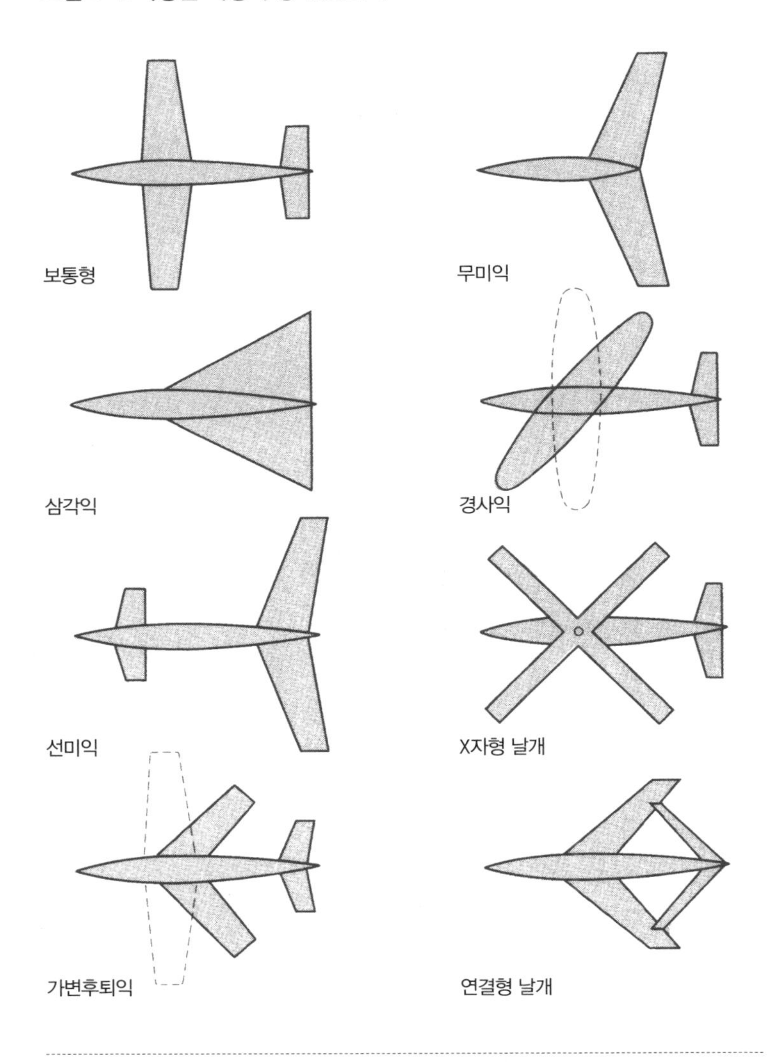

으로 도버 해협을 인력으로만 비행해 건넌 고사머 알바트로스 Gossamer Albatross와 무급유 무착륙으로 세계 일주에 성공한 루탄 보이저Rutan Voyager도 모두 선미익을 가졌다.

앞쪽에 작은 선미익을 붙인 삼각익기도 있는데, 무미익 형태의 삼각익기보다 운동 성능이 좋다고 한다.

비행기의 사용 조건, 특히 속도 변화에 따라 직선익과 후퇴익을 오가는 날개도 있다. 각 형태의 장점만을 활용하도록 만든 것이다. '가변후퇴익'이라 부르며 저속 비행 시에는 직선익이고, 고속 비행 시에는 후퇴각을 최대로 하여 삼각익처럼 보인다.

'무미익기'는 주날개와 수직꼬리날개만 가진 비행기다. 몇십 년 전부터 꾸준히 시험 제작되어 왔지만, 실용화 기간은 얼마 되지 않았다. 이외에도 '경사익' 'X자형 날개' '연결형 날개'joined wing가 최근 관심을 끌고 있다. 아직은 아이디어 단계이거나 시험 제작 수준이라 앞으로의 발전을 더욱 기대해본다.

오늘날 하늘을 나는 비행기를 자세히 들여다보면 날개 형태는 그림 1-2에 나타낸 것 중 하나임을 알 수 있다. 비행기의 역사를 살펴보면, 처음부터 오늘날과 같은 모습을 갖추지는 않았다. 많은 기술자와 모험가의 실패를 거치며 비행기마다 목적과 용도에 따라 달라졌고, 결국 오늘날처럼 비행기 형태가 다양해졌다.

라이트 형제 이전의 비행기

— 16세기 초에 레오나르도 다빈치를 지나, '항공의 아버지'라고 불리는 케일리 경George Cayley의 비행기부터 살펴보자. 19세기 초에 케일리 경은 비행기 이론 연구로 기초적인 비행 원리를 밝혔다. 그중 중요한 내용은 아래와 같다.

- 주날개에 작용하는 공기의 힘은 '양력'과 '항력'(공기의 저항력)으로 나눠 생각한다. 항력을 이겨내고 비행기를 전진시키기 위해서는 동력을 사용한다.
- 날개는 활처럼 굽힌 것이 적합하다.
- 꼬리날개를 설치하면 수직 방향 안정성을 확보할 수 있다.
- 꼬리날개에 키를 장착하면 비행기를 조종할 수 있다.
- 주날개에 상반각을 적용하면 좌우 흔들림을 뜻하는 롤링rolling(옆놀이)으로부터 안정을 유지할 수 있다.

그림 1-3 케일리 경이 개발한 3엽식 글라이더

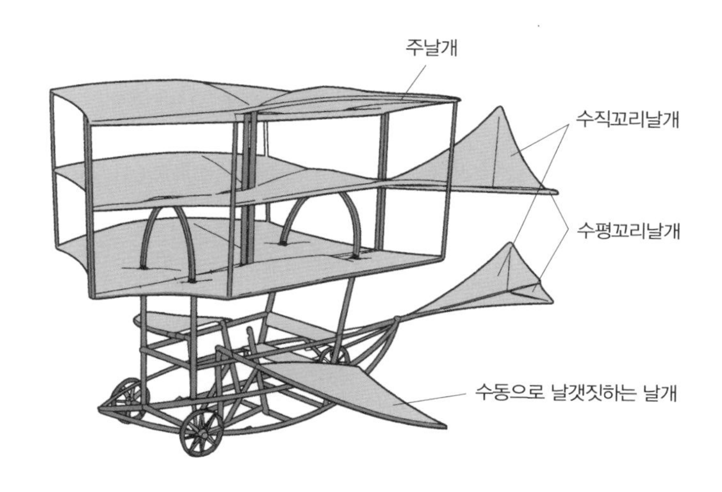

그림 1-4 헨슨이 고안한 '비행하는 증기차' 상상도

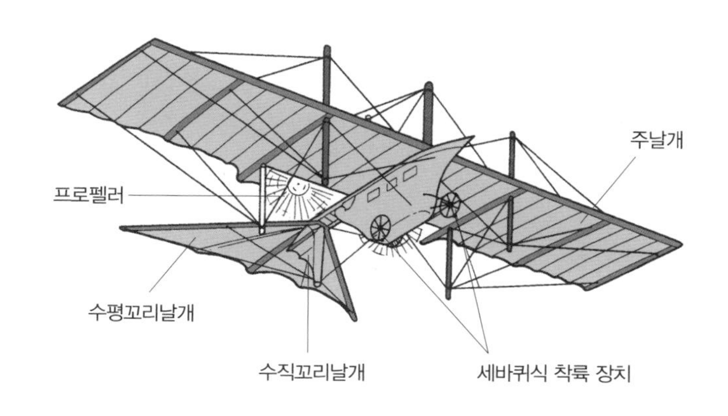

케일리 경은 여러 형태의 모형 비행기를 만들어서 비행을 연구했다. 1849년에 보통형과 같은 주날개 세 장과 두 꼬리날개를 갖춘 글라이더 '올드 플라이어호'를 제작해, 인류 최초의 유인 글라이더 비행에 성공했다.

이 글라이더에는 추진력을 얻기 위해 수동으로 날갯짓하는 날개도 설치되어 있었지만, 비행에 큰 도움이 되지는 않았다.

헨슨William Samuel Henson은 1843년에 발표한 '비행하는 증기차'(21쪽 그림 1-4)로 세계 최초의 항공 수송 회사를 설립할 계획까지 세웠다. 하지만 당시 기술로는 그 꿈을 실현할 수 없었다.

헨슨의 증기차에는 고정식 주날개 한 장, 동체 뒤쪽에 달린 수평꼬리날개와 수직꼬리날개, 증기 기관으로 구동하는 프로펠러 두 개, 착륙 장치로 사용하는 바퀴 세 개가 있었다. 오늘날의 보통형과 형태가 같아, 상상의 산물이라고만 치부하기는 어렵다.

위와 같이 19세기 후반에는 이미 보통형과 유사한 기체 배치가 어느 정도 상식처럼 자리 잡고 있었다. 라이트 형제보다 앞서 휘발유 엔진을 사용해 유인 동력 비행을 시도한 미국의 랭글리Samuel Pierpont Langley도 보통형에 가까운 비행기를 제작했다.

하지만 그 시절에는 보통형 비행기로 비행에 성공하지 못했다. 오히려 상식을 깨고 선미익을 사용한 라이트 형제가 1903년 12월 17일에 인류 최초의 유인 동력 비행에 성공했다.

인류 최초의 유인 동력 비행에 성공한 이유

— 라이트 형제의 플라이어호는 위아래로 놓인 커다란 직사각형 주날개 두 장을 중심으로 앞쪽에 승강키 두 장, 뒤쪽에 방향키 두 장을 갖추었다. 동체 아래에는 이착륙에 사용하는 썰매가 붙어 있다. 조종사는 아래쪽 주날개 위에 엎드린 자세로 탑승하며, 그 옆에 놓인 휘발유 엔진이 체인을 돌려 프로펠러 두 개를 움직인다.(24쪽 그림 1-5)

라이트 형제는 인류 첫 유인 동력 비행 전에 같은 모양의 글라이더로 철저하게 조종 연습을 했다. 그리고 주날개 앞쪽에 승강키를 설치해 공중에 뜨는 것뿐만 아니라 조종에도 적절한 형태로 플라이어호를 설계했다. 기체를 상하 방향으로 기울이거나 비행 자세를 안정적으로 제어하기 위함이었다. 승강키가 앞쪽에 있어서, 조종사는 움직임을 눈으로 직접 확인할 수 있었다. 기체가 지평선과 비교해 상하좌우로 얼마나 기울었는지 파악해, 조

그림 1-5 라이트 형제가 개발한 플라이어호

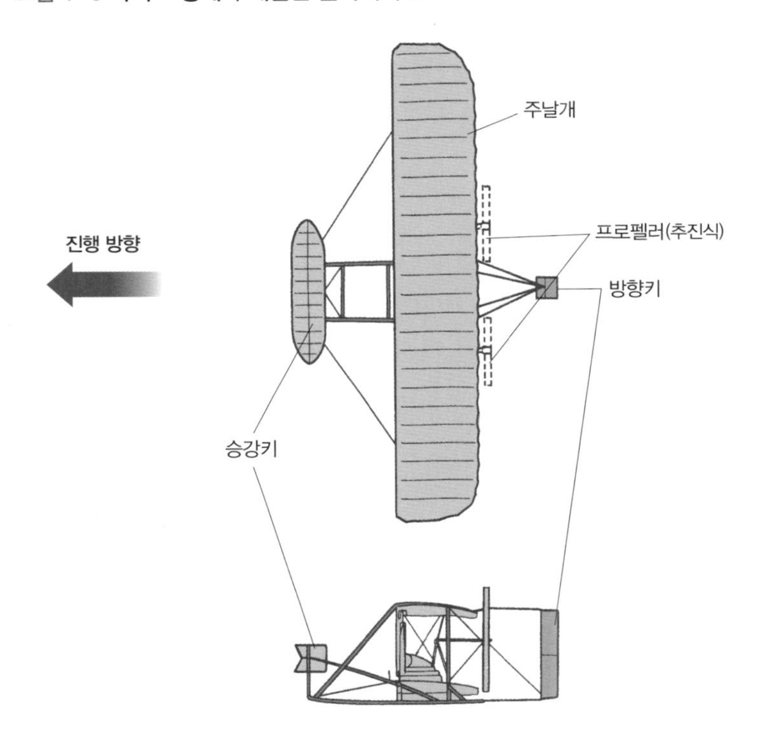

종간으로 승강키의 각도를 바꿔가며 조종했다.

방향키는 오늘날 비행기처럼 동체 뒤쪽에 붙어 있었다. 라이트 형제는 방향키를 이용해 기체를 좌우로 기울여 진행 방향을 바꾸거나, 왼쪽이나 오른쪽으로 기울어진 비행기를 수평으로 되돌리는 일에 많은 신경을 썼다.

라이트 형제는 주날개 양쪽 끝을 꽈배기를 꼬듯 서로 반대 방향으로 비트는 방식으로 플라이어호를 조종하려 했다. 예를 들어 비행기를 오른쪽 방향으로 돌리기 위해서는, 오른쪽 날개 끝을 숙이면서 왼쪽 날개 끝은 들쳐 올려야 했다. 라이트 형제는 엎드린 조종사의 허리 부근에 좌우로 미끄러지는 판을 설치했다. 이 판에 몸을 올리고 왼쪽이나 오른쪽으로 판을 움직이면, 판에 연결된 철선의 힘으로 주날개가 뒤틀렸다. 라이트 형제가 고안한 조종 방식으로 주날개가 도움날개의 기능을 해낼 수 있었다.

라이트 형제는 승강키와 방향키, 조종이 가능한 주날개로 비행기 조종법을 마스터했다. 플라이어호 자체는 결코 안정적이지 않았지만, 조종 기술로 비행 자세를 조절해 날 수 있다는 자신감이 그들에게 있었다. 라이트 형제는 인류 첫 유인 동력 비행에 성공했다.

하지만 비행에 성공한 이유가 뛰어난 조종 기술이라는 사실은 누구나 탈 수 있는 비행기가 아니라는 뜻이다. 1903년 첫 비행을 성공한 라이트 형제는 몇 년 뒤 다른 비행기의 기술 발전을 따라잡지 못했다. 플라이어호를 멋지게 날리는 조종 기술은 뛰어났지만 그러한 특징과 장점이 오히려 그들의 발목을 잡았기 때문이다.

일단 라이트 형제가 만든 비행기의 가장 큰 문제는 낮은 안정성이었다. 체인으로 프로펠러를 구동하는 방식도 문제였는데, 큰 출력을 내는 엔진을 사용하지 못해 속도를 더욱 빠르게 낼 수 없었다. 또한 간단하게 조작할 수 있는 도움날개가 등장하면서, 주날개를 비틀어서 선회하는 비행 방법은 필요 없어졌다. 게다가 플라이어호는 동체가 없어서 장시간 고속 비행을 하는 내내 조종사가 날개 위에서 바람에 노출되었다. 이런 문제점 탓에 비행기 개발에 뒤처졌고, 비행기 개발의 중심은 미국에서 유럽으로 이동했다.

오늘날 비행기 형태의 탄생

— 라이트 형제의 첫 비행 소식이 유럽에 전해지자, 당시 기술 선진국이라 자부하던 프랑스를 중심으로 유럽 국가들은 비행기에 큰 관심을 보였다. 그림 1-6 (28쪽)은 프랑스 출신인 앙리 파르망Henri Farman이 만든 비행기다. 전체적으로 봤을 때 보통형에 가깝지만, 승강키는 라이트 형제의 플라이어호와 같은 선미익 형태를 갖춰서 과도기적인 모습을 보인다.

블레리오Louis Charles Joseph Blériot도 비행기에 큰 관심을 가졌다. 처음에 선미익 형태의 비행기를 만들려 했던 그는 오늘날 보통형과 비슷한 형태를 가진 비행기를 만들었다.(28쪽 그림 1-7) 주날개 한 장에, 기수에는 프로펠러와 엔진을, 동체 뒷부분에 수평꼬리날개와 수직꼬리날개를 장착한 모습이었다.

1909년 블레리오는 영국과 프랑스 사이에 있는 도버 해협(폭 약 38km)을 비행기로 횡단하는 데 처음으로 성공했다. 소요 시간은

그림 1-6 파르망이 개발한 부아쟁 복엽기

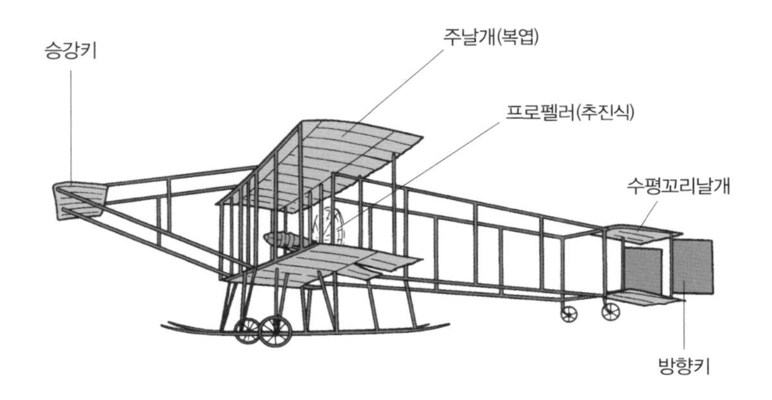

그림 1-7 블레리오가 개발한 단엽기

36분 30초였다. 38km는 오늘날의 제트 여객기로는 3분도 걸리지 않을 거리지만, 당시 영국에게는 비행기로 도버 해협 횡단에 성공했다는 사실 자체가 큰 충격이었다.

그 시절 유럽에는 전운이 감돌았다. 이탈리아, 독일, 오스트리아의 삼국동맹에 맞서 영국, 프랑스, 러시아가 협상을 맺었다. 언제 전쟁이 터져도 이상하지 않을 일촉즉발의 상황이었다.

영국은 사방이 바다로 둘러싸인 나라답게, 세계 최강의 함대를 가지고 있었다. 유럽 대륙에서 공격해오더라도 격퇴할 수 있다는 자신감이 넘쳤다. 하지만 비행기가 등장하면서 자신감은 불안감으로 바뀌었다. 불과 30분 만에 비행기로 바다를 건너온다는 것은 함대의 공격이 미치지 못하는 높이에 있는 적에게 노출된다는 것을 의미했기 때문이다. 함대가 쓸모 없어진 것이다. 영국은 즉시 군용기 개발에 힘을 쏟았다. 이에 맞서 오스트리아와 독일도 군용기 개발에 열을 올렸다.

제1차 세계대전을 거치며 실용화된 비행기

— 1909년 도버 해협을 횡단한 비행기는 그로부터 5년이 지나지 않아 발발한 제1차 세계대전(1914~1918년)에서 바로 군사용으로 사용되었다. 비행이 목적이던 시대는 끝나고, 비행을 수단으로 사용하는 시대가 시작된 것이다.

전쟁 초기에 비행기는 하늘에서 적을 정찰하거나 포탄의 착탄을 관측하는 작업에만 사용되었다. 점차 시간이 지나면서 적지를 폭격하거나 하늘에서 전투를 벌이는 데까지 쓰였다. 비행기는 전쟁에 적합한 형태에 맞춰 급속하게 발달했다.

이 무렵부터 비행기 형태는 보통형이라는 큰 틀 안에서, 목적과 용도에 따라 주날개의 매수나 엔진과 프로펠러의 배치만 바뀌었다. 여러 비행기를 보면서 어떤 차이가 있는지 살펴보자.

그림 1-8은 '타우베'Taube(비둘기를 의미하는 독일어)라는 오스트리아 전투기다. 주날개를 글라이더처럼 활공하는 '자노니아'Zanonia의

그림 1-8 **제1차 세계대전 초기 전투기 '타우베'와 자노니아 씨앗**

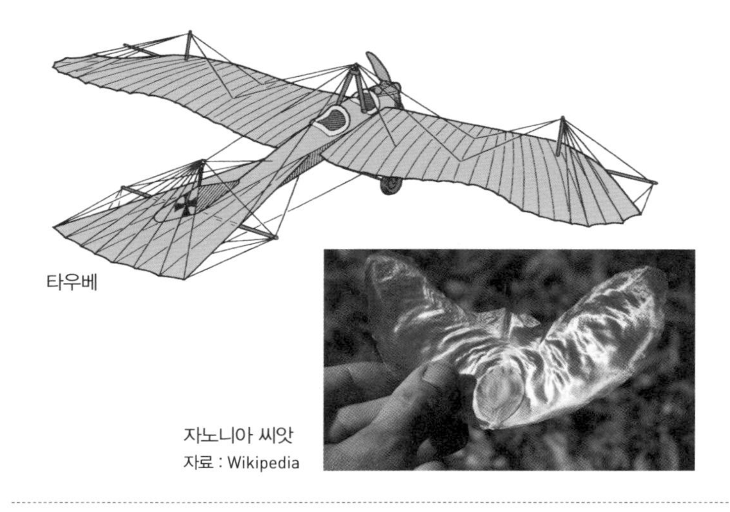

자료 : Wikipedia

씨앗을 본떠 만들었다. 꼬리날개는 비둘기 꽁지 모양이었다. 잔혹한 전쟁에 평화의 상징인 비둘기를 본떴다는 점이 모순적이다. 타우베는 오스트리아군을 중심으로 총 500대나 생산되었다.

이후 네덜란드 출신의 포커Anthony Fokker는 블레리오의 단엽기를 참고해 단엽 전투기를 설계했다. 하지만 시간이 흐르자 날개 면적은 같아도 폭을 좁힐 수 있는 복엽 전투기가 주류를 이루었다. 강도, 선회, 회전에 더욱 유리했기 때문이다. 후에는 주날개가 세 장인 3엽식 전투기까지 만들어졌다.

복엽식은 프로펠러의 위치에 따라 두 가지로 나뉜다. 프로펠러와 엔진이 기체의 앞부분에 위치해 프로펠러가 기체를 끌어당기는 '견인식'과 프로펠러와 엔진이 기체의 뒷부분에 배치되어 프로펠러가 기체를 밀어내는 '추진식'이 있다.

블레리오가 견인식 단엽기를 제작한 후에는 견인식이 주류를 차지했지만, 오래 지나지 않아 추진식이 다시 등장했다. 추진식이 공중전에 훨씬 유리했기 때문이다. 기관총을 전방으로 발사하면 앞쪽에서 회전하는 프로펠러가 파손되므로, 프로펠러를 기체 뒷부분에 설치하는 추진식이 주목받았다.

초기 공중전에서는 전투기에 조종사와 사격수가 한 명씩 탑승해서 조종과 공격을 따로 했다. 하지만 전투기가 추진식으로 바뀌자 기체 앞쪽에 기관총을 고정해 조종사가 적을 조준하는 일까지 맡았다.

하지만 추진식 비행기에 없는 많은 장점이 견인식 비행기에 있었다. 장점을 정리하면 아래와 같다.

- 가장 안정적인 공기가 모인 기체 앞부분에 프로펠러가 있으므로 엔진 효율이 높다.
- 적의 공격을 받아도 정면에 있는 엔진이 탄환을 막아줘서 조종사의 생존율이 높다.

그림 1-9 견인식 전투기와 추진식 전투기

알바트로스 D.2(견인식)

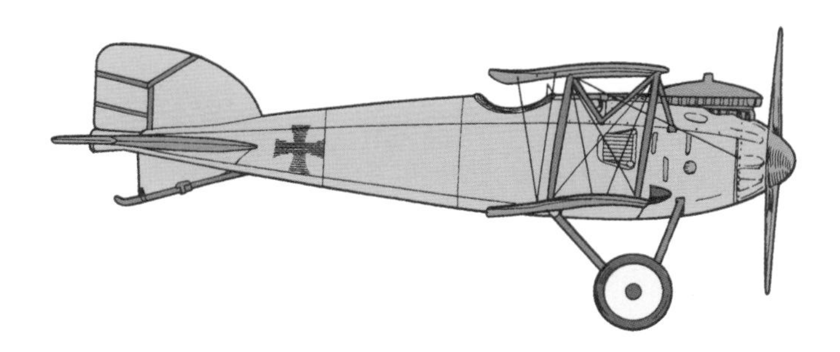

에어코 DH.2(추진식)

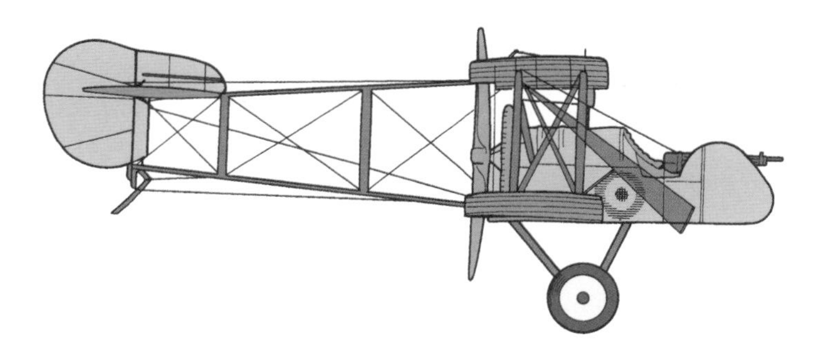

- 엔진을 통과하며 따뜻해진 공기가 바람에 계속 노출되는 조종사의 체온을 보호한다.
- 조종사는 적을 공격할 뿐만 아니라, 뒤에서 오는 공격을 막아야 한다. 추진식은 프로펠러가 후방 시야를 방해한다.

견인식은 '프로펠러 동조기'propeller synchronizer가 발명되면서 다시 주류를 차지했다. 기관총 발사와 프로펠러 회전을 동기화한 프로펠러 동조기는, 프로펠러와 총구가 겹치지 않을 때만 탄환을 발사해서 프로펠러를 손상시키지 않았다.

제1차 세계대전을 거치면서 비행기에 필요하지 않은 부분이 제거되었다. 보통형 견인식 복엽기는 한 시대를 풍미했지만, 복엽식 날개에 필요한 날개 기둥과 당김선이 공기 저항을 높인다는 단점이 있었다. 운동성뿐만 아니라 속도를 높이기 위해서는 공기 저항을 없애야 했다. 이런 이유로 단엽기가 다시 주목받았다.

포커는 날개를 두껍고 튼튼하게 만들어 기둥과 당김선을 줄였다. 독일인 융커Hugo Junkers는 기둥과 당김선 없이도 충분한 강도를 지닌 단엽기를 고안했다. 나무 또는 나무와 금속으로 함께 만든 골조에 천을 붙이는 방식이 아닌 금속 재료만으로 기체를 구성하는 방식으로 강도를 높인 것이다.

황금시대를 거치며 한 단계 더 발전한 비행기

— 제1차 세계대전이 끝나고 대량의 군용기가 민간으로 유입되면서 비행기는 널리 보급되었다. 여객기, 우편 비행기, 레저용 비행기처럼 다양한 종류의 비행기도 개발되었다. 비행기의 속도와 고도, 비행 거리로 경쟁하기 시작했고 대양을 횡단하는 새로운 항로도 개척되었다.

1920년대부터 1930년대는 '비행기의 황금시대'라 불린다. 고속화, 대형화를 거치면서 비행기가 다양한 용도로 사용되었고, 비행기에 여러 가지 아이디어가 적용되기도 했다.

예를 들어, 제1차 세계대전 말기에 융커가 전투기에 사용한 금속제 단엽 방식은 여객기에 사용되었다. 격납고에 보관하지 않아도 비바람을 견딜 수 있는 금속의 장점 때문이었다. 이 방식은 여객기의 고속화와 대형화로 더 널리 사용되었다. 후에는 밀폐를 이용해 높은 고도에서 급격히 떨어지는 객실 기압을 억제하는 여압 원리로 발전했다. 기압을 적정 수준으로 유지할 수 있어, 오늘날까지도 사용되고 있다.

이제 비행기 속도가 얼마나 향상되었는지 알아보자.(그림 1-10) 제1차 세계대전 직전인 1913년에 이미 프랑스의 듀펠듀상Armand Deperdussin은 당김선의 개수를 최소화한 단엽기를 만들었다. 시속 200km를 돌파한 이 단엽기는 고속 비행기의 원형이 되었다.

제1차 세계대전이 끝난 후에는 '슈나이더 트로피 레이스'Coupe d'Aviation Maritime Jacques Schneider가 등장해 비행기의 속도를 겨루었고, 기록은 매년 경신되었다.

1931년에는 2,550마력을 내는 엔진을 장착한 영국의 슈퍼마린 S.6B가 시속 655km를 달성했다. 동시대의 다른 전투기가 300~400마력 정도의 엔진으로 최고 시속 250km를 냈던 것과 비교하면 놀라운 기록이다. 슈퍼마린 S.6B는 저익단엽기로, 공기 저항을 줄이기 위해 조종사가 누워서 탑승해야 할 만큼 좁은 동체를 가졌다. 그런데 의외로, 슈퍼마린 S.6B는 커다란 플로트를 두 개나 가진 수상기였다. 고속 비행을 하는 비행기는 특성상 이착륙을 위해 필요한 속도가 높아서 긴 활주로가 필요한데 당시 육지에는 긴 활주로가 없어서 잔잔한 수면을 활주로로 사용했기 때문이다.

속도를 계속 높이려면 공기 저항을 꾸준히 줄여 나가야만 했

그림 1-10 **비행기의 속도 도전 기록(1903~1931년)**

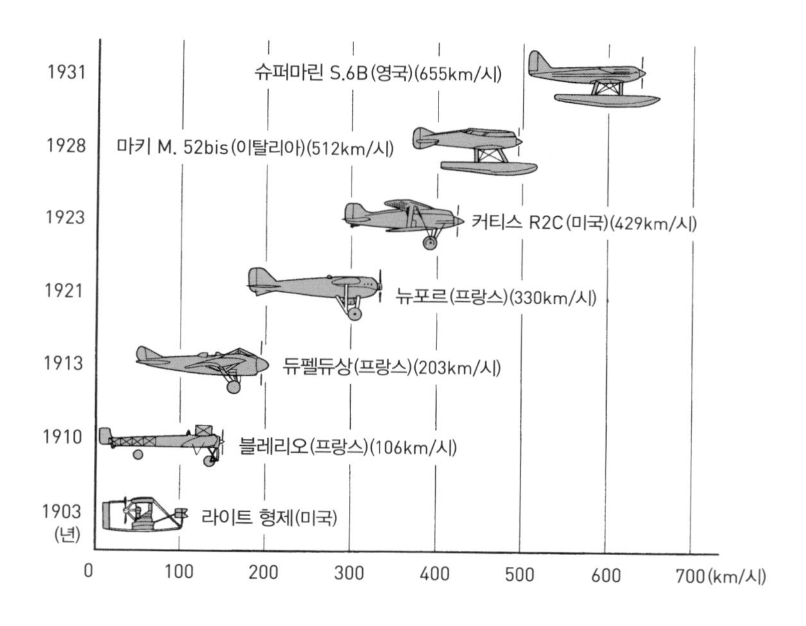

다. 비행 속도가 시속 400~450km에 가까워지자 착륙 장치를 접어 안으로 들이는 방식이 등장했다. 이 방식은 전투기뿐만 아니라 여객기에도 사용되었다. 여객기 최초로 시속 200마일320km의 벽을 돌파한 록히드 일렉트라(38쪽 그림 1-11의 위)도 이 방식을 사용했다.

그림 1-11 **'황금시대'의 비행기**

록히드 일렉트라

자료:Briyyz,Trans Canada Airlines Lockheed IO-A Eletra CF-TCC

스피릿 오브 세인트루이스

자료:Wikipedia Commons, Ad Medkens

또한 장거리 비행도 활발히 시도했다. 당시 가장 유명한 장거리 비행기는 대서양 횡단에 성공한 린드버그Charles Augustus Lindbergh의 스피릿 오브 세인트루이스Spirit of St. Louis였다.(그림 1-11의 아래) 공기 저항을 적게 받도록 기체를 설계하여 연료 소비를 줄이고, 오랜 비행에도 고장 나지 않는 엔진을 개발해 장거리 비행의 신뢰를 높였다.

이처럼 제1차 세계대전부터 제2차 세계대전 발발 전까지는 오늘날 비행기의 기초가 되는 기술이 차례로 실용화되었다. 보통형이 비행기의 기본으로 자리 잡은 시기다. 새로운 기술은 특정 비행기 설계를 통해 단번에 발전하지 않았다. 많은 기술자가 여러 기체에 다른 아이디어를 시험해가며 조금씩 진보했다.

이착륙 속도를 늦춰서 활주 거리를 줄이는 장치인 '플랩', 비행 중에 공기 저항을 줄이는 '엔진 덮개', 비행 속도에 맞춰 언제나 최대 추진력을 내는 '가변피치 프로펠러', 높은 고도에서 공기 밀도가 희박해져도 엔진 출력을 유지하는 '슈퍼차저', 응력 외피 구조 기체에 활용해 변형이 적도록 만든 가볍고 튼튼한 재료인 '두랄루민' 등 놀랄 만큼 많은 기술 발전이 두 세계대전 사이의 20년 동안 이루어졌다.

한계에 도달한 프로펠러 비행기의 성능

— 1939년에 발발한 제2차 세계대전으로 비행기 기술은 한 단계 더 나아갔다. 전쟁이 발발하기 전까지 개발된 기술들이 통합되고 잘 다듬어져 한층 새로운 아이디어가 등장한 것이다.

전투기는 빠른 속도와 높은 기동성이 필요했다. 따라서 저익 단엽식 주날개와 꼬리날개를 보통형으로 배치하고, 접는 착륙 장치와 가변피치 프로펠러를 사용하는 것이 상식처럼 여겨졌다. 비행기의 기체 재료도 향상되었다. 초기 전투기는 금속 파이프에 천을 붙여 사용했는데, 얼마 지나지 않아 기체 전체가 금속인 비행기가 등장했다.

한편 폭격기와 수송기는 점점 커져서 적재량이 많아졌고, 속도와 항속 거리(한 번 실은 연료만으로 계속 항행할 수 있는 최대 거리)도 증가했다. 이렇게 폭격기와 수송기를 통해 발전한 기술은 제2차 세계

그림 1-12 **제2차 세계대전 말기에 등장한 제트 전투기에는 후퇴각이 나타났다**

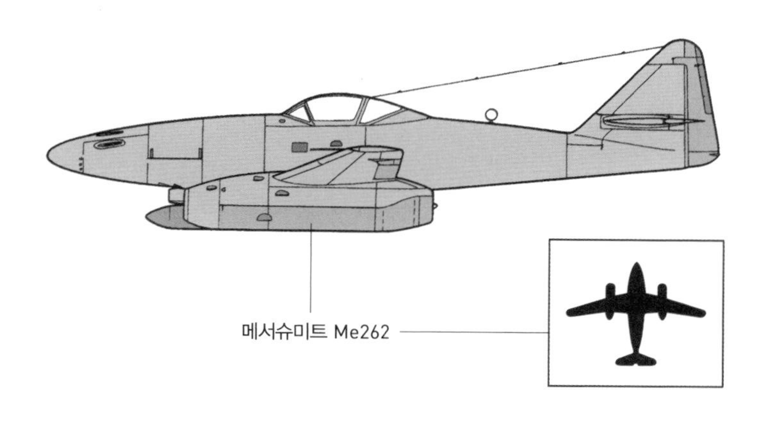

대전이 끝나고 장거리 여객기가 빠르게 발달할 수 있는 기초가 되었다.

제2차 세계대전에서 사용된 프로펠러 전투기로는 영국의 스피트파이어, 일본의 제로센이 유명했다. 하지만 프로펠러와 휘발유 엔진을 조합해서 비행기 속도를 높이고 크기를 키우는 데는 한계가 있었다.

제2차 세계대전이 끝날 무렵에는 프로펠러를 사용하지 않는 추진 방식, 즉 제트 엔진과 로켓 엔진을 사용하는 비행기가 실용화되었다. 이런 추진 방식으로 시속 700km까지 도달한 전투기가 등장했는데, 그림 1-12(41쪽)에서 확인할 수 있는 독일의 메서슈미트 Me262이다. 이 제트 전투기는 최고 시속이 866km나 되어 프로펠러 전투기가 도저히 상대할 수 없었다. 이 비행기 형태의 핵심은 제트 엔진과 후퇴익을 가진 주날개였다. 이 같은 구조 덕분에 제트 전투기는 음속에 가까운 속도로 비행할 수 있었다. 전쟁이 끝난 후, 후퇴익은 초음속 비행기로 발전하는 데 기초가 되었다.

초음속 비행에 도전한 비행기의 진화

— 제2차 세계대전이 끝나고 비행기 기술자들은 음속 돌파라는 새로운 목표에 도전했다. 프로펠러 비행기는 음속에 가까워질수록 공기 저항이 급증하고 기체에 심한 진동이 발생하여 조종이 어려웠다. '소리의 벽'이라는 것으로, 이를 넘어서기 위해 비행기 형태는 다시 변화했다.

1947년 미국의 연구용 비행기인 벨 X-1은 수평 비행에서 최초로 소리의 벽을 돌파했다. 이때 속도는 시속 1,100km이었으며, '마하'(음속에 대한 비. 오스트리아 과학자 Ernst Mach가 고안한 개념으로, 그의 이름을 단위로 사용한다.) 단위로 환산하면 마하 1.04에 해당한다. 음속 돌파 자체를 목적으로 설계한 벨 X-1은 로켓 엔진과 연료를 실은 두꺼운 동체, 매우 얇고 후퇴각이 없는 주날개와 꼬리날개가 있다.

한편 제2차 세계대전 중에 독일이 개발한 후퇴익을 음속에 가

그림 1-13 **초음속 비행기 주날개의 세 가지 형태**

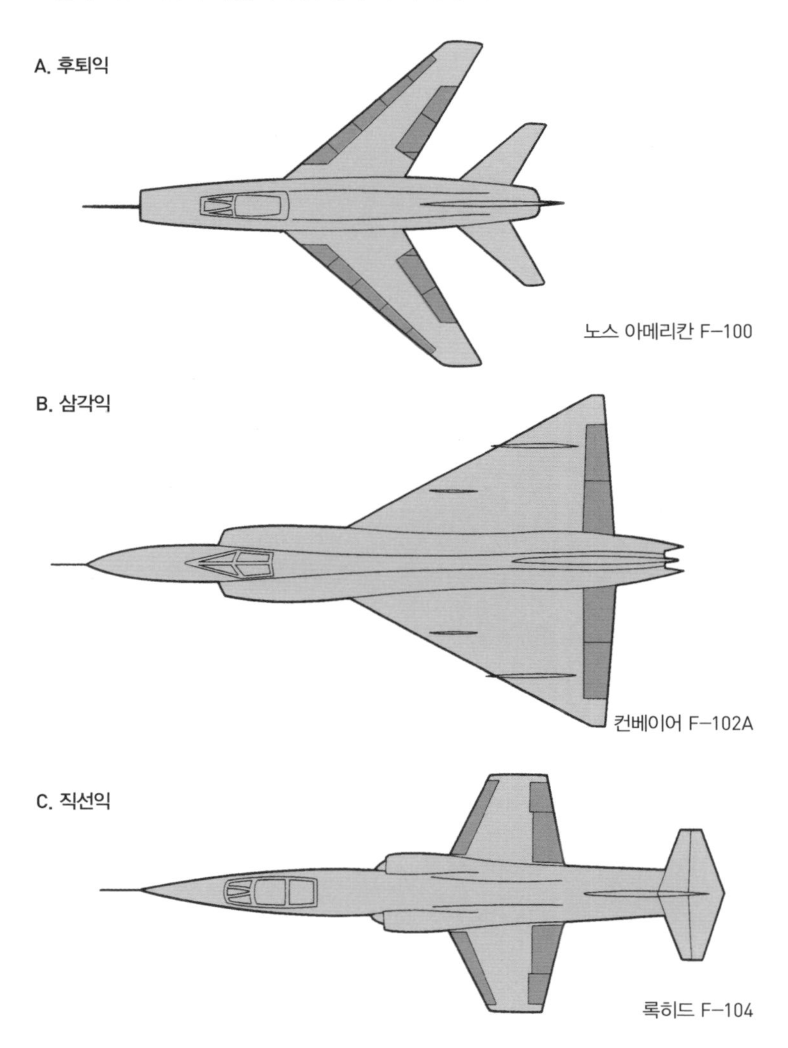

까운 속도에 도달하는 데 매우 중요한 수단으로 이용하기도 했다. 후퇴익으로 수평 비행에서 음속을 넘는 전투기를 꾸준히 개발한 끝에 후퇴각을 더 키운 노스 아메리칸 F-100 슈퍼 세이버를 제작했다.

후퇴각을 계속해서 키우자, 주날개와 수평꼬리날개가 지나치게 가까워졌다. 주날개는 뒤틀어지기 쉬워져 구조적으로 무리가 발생했다. 그렇게 주날개와 수평꼬리날개를 합친 삼각형 날개가 탄생했다. 컨베이어 F-102A Convair F-102 Delta Dagger 전투기가 대표적이다.

앞에서 소개한 벨 X-1처럼 얇은 직선익이 있는 록히드 F-104 스타파이터 Lockheed F-104 Starfighter 도 개발되었다. 이렇게 초음속 전투기의 주날개 기본형은 크게 세 가지 형태로 나뉘었다.(그림 1-13)

이처럼 전투기는 오직 속도를 높이는 것에만 전념해 최고 속도가 마하 2(음속의 두 배)를 넘어섰다. 하지만 베트남전쟁과 중동전쟁을 거치면서 전투기는 아무리 빠르더라도 결국 기동성(운동성)이 중요하다는 사실을 깨달았다. 비행기 형태는 다시 변화해, 가변후퇴익 비행기와 선미익이 달린 삼각익기가 탄생했다.

비행 원리를 알면 보이는 비행기의 목적

— 이제 비행기의 모양이 목적과 사용법에 따라 달라져 왔다는 사실을 잘 알게 되었을 것이다. 이는 모형 비행기도 마찬가지다. 체공 시간이나 비행 거리 중에서 어떤 것을 늘릴지에 따라 모양이 달라진다. 비행 원리를 이용해 체공 시간을 늘리려면 주날개 면적이 클수록 좋다. 따라서 삼각익을 가진 비행기를 만드는 것이 유리하다. 비행 거리를 늘리기 위해서는 공기 저항을 줄이는 것이 중요하다. 작은 주날개를 붙이거나 미사일을 발사하듯이 날리면 좋다.

이렇듯 비행 원리를 잘 알고 있으면, 목적에 맞는 비행기의 모양과 설계 기술을 알 수 있다.

그림 1-14 목적에 따라 모형 비행기의 형태가 정해진다

니노미야 야스아키 제작

Chapter 2

비행기는 어떻게 날 수 있는가

비행기의 비행 원리

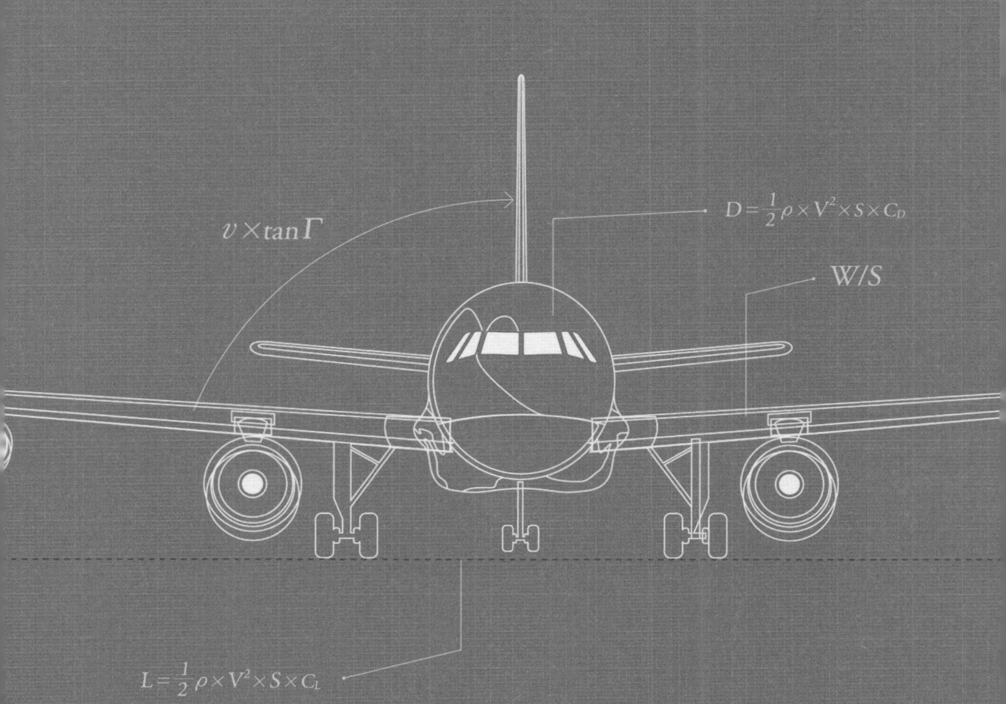

비행기는 어떻게 떠오를 수 있을까? 답은 주날개에 작용하는 베르누이 법칙에 있다. 공기 속도가 빠를수록 압력이 감소한다는 법칙이다. 비행기가 나아가면 주날개 아래보다 위에 흐르는 공기 속도가 빨라져 주날개 윗부분의 압력이 낮아진다. 그렇게 압력이 높은 쪽에서 낮은 쪽으로 향하는 힘이 발생하면서, 비행기가 떠오른다.

그렇다면 뒤로 한 바퀴 돌거나 파도치듯 비행하는 것은 베르누이 법칙과 어떤 관계가 있을까? 비행할 때의 주인공은 주날개다. 그 속에는 다른 여러 가지 원리도 함께 담겨 있다. 주날개의 움직임에 담긴 원리를 알면 모형 비행기부터 초음속 전투기, 대형 여객기까지 모든 비행체의 구조가 놀랄 만큼 비슷하다는 사실을 알 수 있다. 좀 더 자세히 알아보도록 하자.

비행기가 뜨기 위해 필요한 힘

— 비행기가 뜨기 위해서는, 공중에서 비행기 무게를 받치는 힘이 있어야 한다. 이렇게 공중에서 받치는 힘을 '양력'이라 하며, 주날개에서 발생한다.

비행기에 작용하는 양력이 중력(비행기 무게)보다 커야지만 이륙하여 상승한다. 양력이 중력과 같으면 비행기는 수평으로 비행한다. 양력이 중력보다 작아지면 비행기는 하강한다.

기체 자체의 무게에 승객과 화물, 연료 등의 무게를 더한 것이 비행기 무게다. 따라서 중력은 비행하는 동안 절대 변할 일이 없다. 하지만 양력은 비행하면서도 비행 속도와 비행 자세에 따라 매우 큰 폭으로 변한다. 무게가 350톤이나 되는 점보 제트기도, 10g도 안 되는 모형 비행기도 양력과 중력의 균형에 따라 날 수 있느냐 없느냐가 결정된다. 비행기를 띄우기 위해서는 양력과 중력의 관계를 가장 먼저 알아야 한다.

양력의 크기를 결정하는 요소

— 간단한 실험 하나를 소개하겠다. 먼저 켄트지(도화지)를 길이 10cm, 너비 2cm로 자른다. 그림 2-1(52쪽)처럼 한쪽 끝을 손가락으로 가볍게 잡고, 화살표 방향에서 숨을 세차게 불어보자.

그림 2-1의 A처럼 바람 방향과 종이 면이 평행하면 종이는 거의 휘지 않는다. 하지만 종이를 바람이 불어오는 방향에 맞서 그림 2-1의 B처럼 올리면, 손가락으로 잡고 있지 않은 부분이 위로 휘어진다. 손가락으로 잡은 부분에서도 위로 향하는 힘을 느낄 수 있다.

손에서 느낀 위로 향하는 힘이 바로 양력이다. B에서 종이 면과 바람이 부는 방향이 만드는 각도는 '받음각'이라 한다.

이번에는 종이 면을 C처럼 윗면을 곡면으로 만들고 숨을 세차게 불어본다. 바람 방향과 종이 면이 평행일 때도 양력이 발생한

그림 2-1 주날개 모형에서 양력을 느껴본다

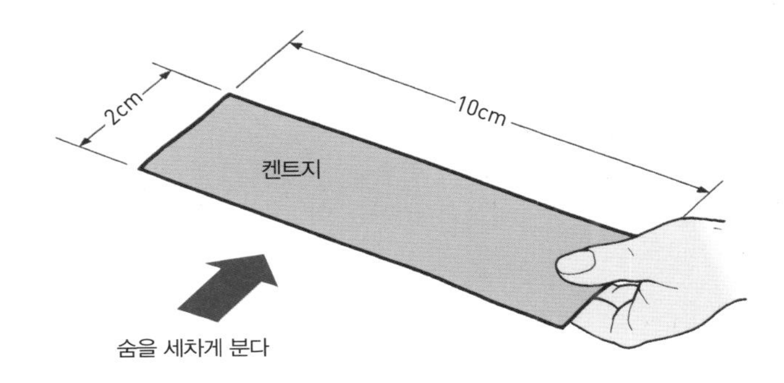

A. 바람 방향과 종이 면을 평행하게 둔다

B. 바람 방향과 종이 면이 일치하지 않게 종이를 들어 올린다

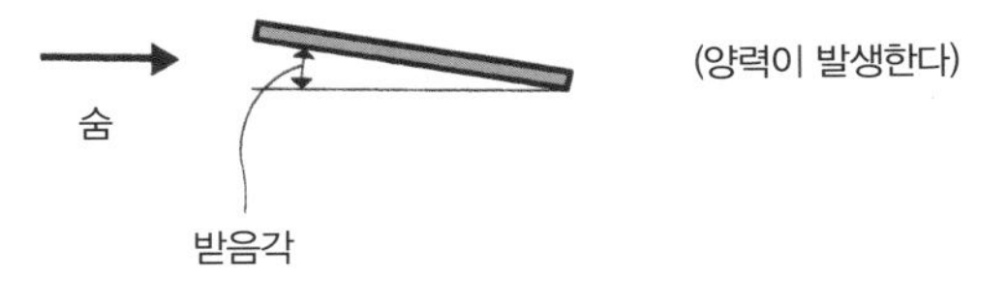

C. 윗면을 곡면으로 굽힌다

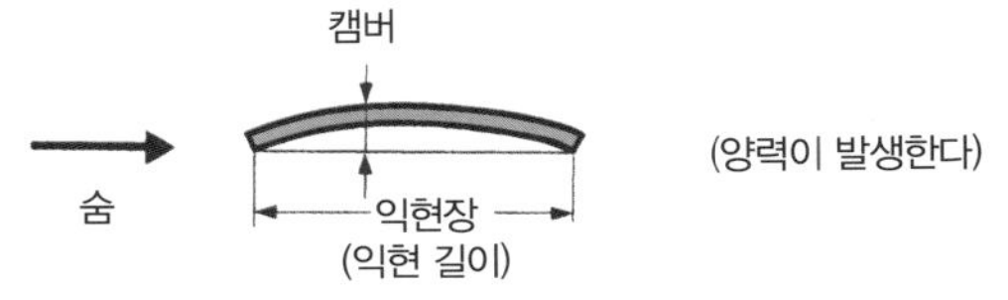

다. 받음각을 점점 키우면 더 강한 양력이 느껴진다.

날개 면을 굽힌 정도를 '캠버'camber라 하며, 날개 단면 모양을 '익형'airfoil, 단면 길이를 '익현장'chord length이라 부른다. 실험에서 알 수 있듯이 익형이 달라지면 양력이 발생하는 정도도 달라진다.

날개의 면적이 달라지면 어떨까? 종이 넓이를 약 두 배로 늘린 후 같은 방법으로 실험해보자. 길이 14cm, 너비 3cm인 직사각형 종이를 만들어 바람을 불어보면, 숨의 세기가 같아도 느껴지는 양력은 훨씬 크다.

양력의 크기는 바람의 빠르기와 날개 모양, 비행기가 나는 곳의 공기 밀도에 따라서도 달라진다. 지금까지 소개한 요소와 양력의 관계를 정리하면 다음과 같은 식이 성립한다.

양력 L (kg)

공기 밀도 ρ ($kg \times s^2/m^4$)

비행 속도 V (m/s)

주날개 면적 S (m^2)이라 하면,

$$L = \frac{1}{2}\rho \times V^2 \times S \times C_L \cdots\cdots(1)$$

* C_L은 '양력 계수'로 주날개의 단면 모양에 따라 정해지는 고유 값.

지상에서의 공기 밀도 ρ는 약 1.225kg/m^3 정도다. 식(1)에 따르면 공기 밀도는 높이 올라갈수록 급격히 작아진다. 비행기의 주날개 면적 S와 비행 속도 V가 일정해도, 올라갈수록 양력 L이 작아져서 일정 고도 이상으로는 상승할 수 없다.

그리고 속도 V와 양력 L 사이의 관계를 보면, 양력은 속도의 제곱에 비례한다. 즉 속도가 2배가 되면 양력은 4배, 속도가 3배가 되면 양력은 9배가 된다. 또한 주날개 면적 S와 양력 L은 서로 비례하므로, 주날개 면적이 2배가 되면 양력도 2배가 된다.

무거운 비행기가 떠오르는 원리

— 앞에서 양력 L과 비행기 무게 W가 같으면 비행기가 수평 비행을 한다고 설명했다. 이것을 식으로 표현하면 다음과 같다.

$$W = L = \frac{1}{2}\rho \times V^2 \times S \times C_L \cdots\cdots\cdots\cdots\cdots\cdots (2)$$

무게 25톤, 주날개 면적 100m²인 비행기가 시속 500km로 수평 비행을 한다고 하자. 50명 정원의 여객기를 떠올리면 이해하기 쉽다. 고도가 일정해 공기 밀도 ρ가 변하지 않는 상황이라고 가정한다.

1. 탑승객 수를 늘리기 위해 기체를 키워 무게를 50톤으로 2배 늘리면, 주날개 면적 S도 2배인 200m²가 필요하다.

그림 2-2 **익면 하중의 연대별 변화**

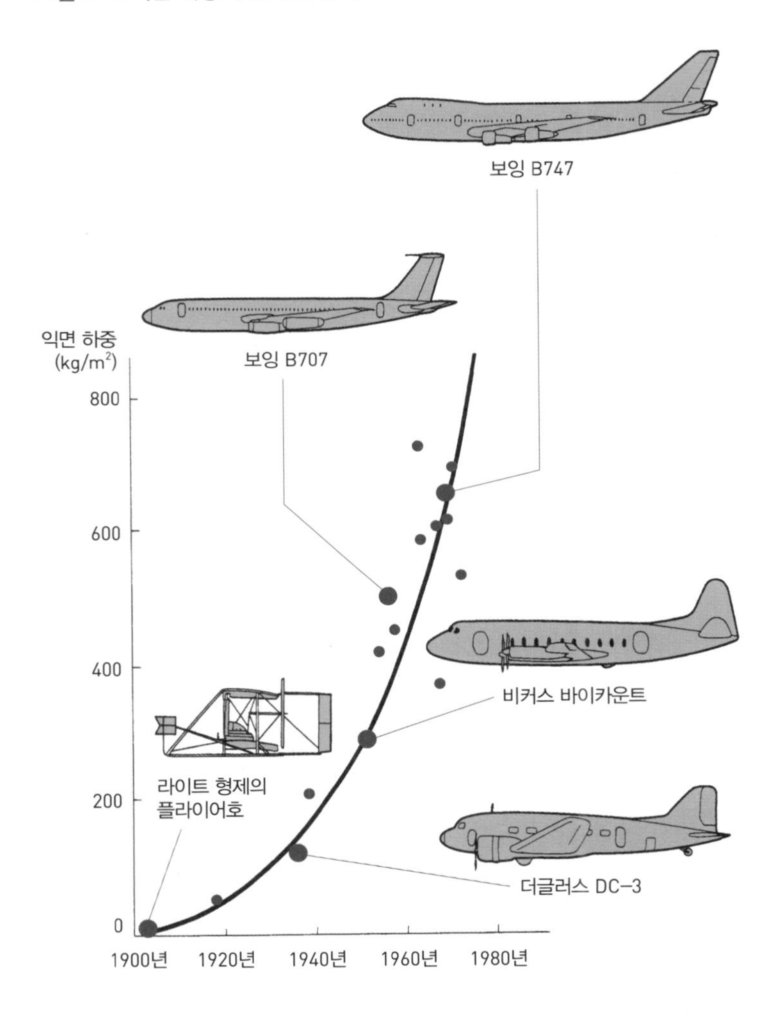

2. 비행 속도를 시속 500km에서 시속 700km로 올린다면, 주날개 면적 S는 원래 면적의 $(\frac{500}{700})^2$만큼, 즉 절반 정도인 51m^2만 되어도 충분하다.
3. 이 비행기가 시속 250km로 수평 비행 한다면, 주날개의 양력 계수 C_L은 시속 500km로 비행할 때의 $(\frac{500}{250})^2$인 4배나 필요하다.

$$W/S = \frac{1}{2}\rho \times V^2 \times C_L \cdots\cdots\cdots\cdots\cdots (3)$$

식(2)를 식(3)과 같이 변형했을 때, W/S를 '익면 하중'이라 한다. 익면 하중은 속도 V로 비행할 때, 주날개 면적 1m^2당 몇 kg의 무게를 지탱하는지를 의미한다. 식(3)에서는 비행 속도가 빨라질수록 익면 하중이 커진다는 사실을 알 수 있다.

앞서 언급한 중형 여객기의 속도는 시속 500km로, 익면 하중은 250kg/m^2다. 무게 350톤, 주날개 면적 510m^2, 시속 900km인 점보 제트기라면 어떨까? 익면 하중은 약 690kg/m^2으로 늘어난다. 주날개 3.3m^2당 체중 55kg인 사람 42명을 태울 수 있다는 말이다. 이렇게 비행 속도와 익면 하중 사이에는 밀접한 관계가 있다. 그림 2-2에서 라이트 형제의 플라이어호부터 오늘날 점보 제트기까지 익면 하중은 어떻게 변해왔는지 확인해보자.

비행기의 성능을 결정하는 익형

— 이제 주날개의 단면 모양인 익형에 대해 알아보자. 비행기를 설계할 때, 가능한 한 저항은 작게 받고 양력은 크게 발생하는 주날개를 만들려 한다. 익형 선정이 비행 속도와 항속 거리 개선의 성공 여부를 좌우하기 때문이다. 공기역학 분야에서 주날개의 익형에 관한 연구를 주요 과제로 많이 해온 이유다.

라이트 형제의 비행기부터 오늘날 초음속기까지 대표적 익형을 그림 2-3에서 비교해보면, 몇 가지 특징을 찾을 수 있다.

먼저 라이트 형제가 만든 플라이어호의 익형은 마치 모형 비행기처럼 종이 한 장을 위로 불룩하게 굽힌 형태를 하고 있다.(그림 2-3의 A) 이렇게 익현장에 비해 두께가 두껍지 않은 익형을 '얇은 날개'라 한다. 얇은 날개는 새 날개의 단면을 관찰해서 만들어진 형태다.

그림 2-3 **익형의 변천사**

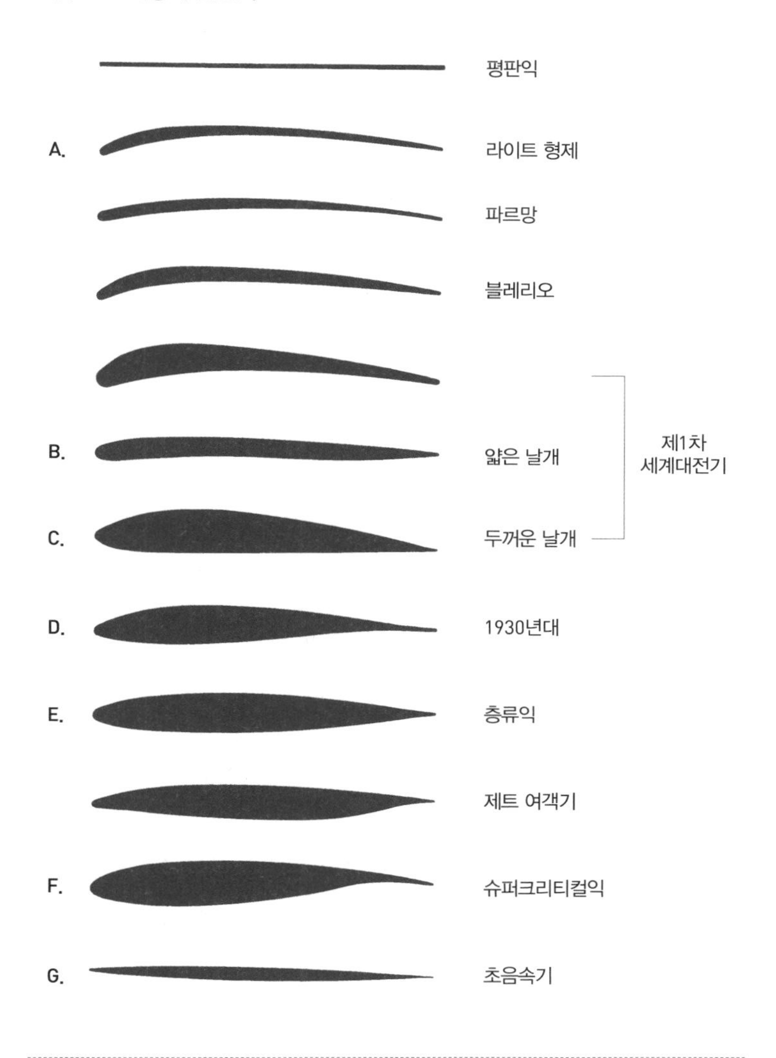
평판익
A.
라이트 형제
파르망
블레리오
B.
얇은 날개
제1차
세계대전기
C.
두꺼운 날개
D.
1930년대
E.
층류익
제트 여객기
F.
슈퍼크리티컬익
G.
초음속기

얇은 날개는 제1차 세계대전 초기까지 널리 사용되었다. 날개 자체의 공기 저항은 작지만, 주날개를 날개 골조만으로는 동체에 고정할 수 없어서 기둥과 당김선이 필요했다. 따라서 공기 저항은 그만큼 커질 수밖에 없었다.(59쪽 그림 2-3의 B)

제1차 세계대전이 끝날 무렵에 포커기Fokker와 융커스기Junkers가 두꺼운 날개를 사용했다. 그림 2-3의 C를 보면 날개 윗면은 얇은 날개처럼 위로 불룩하지만, 아랫면은 곡선이 적다. 날개 앞부분은 둥글게 만들어졌으며, 날개 두께는 익현 길이의 15%를 넘지 않는다.

두꺼운 날개는 날개 속에 굵은 횡목을 넣을 수 있으므로, 기둥이나 당김선이 없어도 주날개를 지탱할 수 있다는 장점이 있다. 얼핏 보면 익형 자체가 두꺼워서 저항이 클 것 같지만, 기둥과 당김선이 없어 전체 저항이 작다. 속도를 높이는 데 도움이 되어 널리 사용하고 있다.

그렇다면 두꺼운 날개에는 어느 정도의 양력이 발생하는지 알아보자. 그림 2-4는 1920년대의 대표적인 두꺼운 날개(클라크 Y형)의 받음각과 양력 계수의 관계를 그래프로 나타낸 것이다.

받음각이 0도일 때 양력 계수는 0.4이고, 받음각이 −5도일 때는 양력 계수가 0이다. 받음각을 0도부터 서서히 높이면 양력 계수도 거의 직선적으로 증가한다. 받음각이 16도 부근일 때부터

그림 2-4 받음각과 양력 계수의 관계

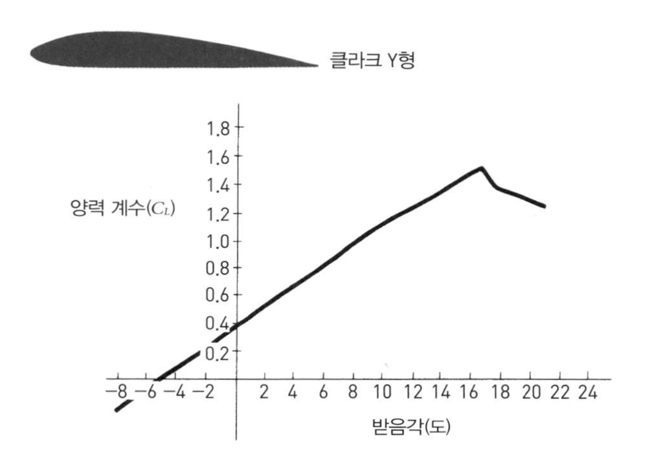

양력 계수는 증가하지 않고, 오히려 줄어든다.

이런 현상을 '실속'이라 하며, 비행기가 양력을 갑자기 잃어버리는 것을 의미한다. 실제로 실속 현상이 일어나면 기수가 갑자기 내려가거나, 왼쪽 또는 오른쪽으로 급회전한다. 지면 근처에서 발생하면 추락 사고로 이어질 수 있다. 실속 직전에는 양력 계수가 최대이므로, 비행기가 가장 느린 속도로 비행한다. 이때 속도를 '실속 속도'라 부른다.

날개 표면에서 일어나는 일들

— 받음각을 키울 때 날개 윗면과 아랫면의 공기 흐름이 어떻게 변화하는지 살펴보자. 그림 2-5는 받음각에 따라 달라지는 공기 흐름을 눈으로 확인할 수 있다. 일정한 속도의 공기와 연기를 물줄기 모양으로 분출하는 '연기 풍동' 덕분에, 날개 주변의 기류 상태가 생생히 보인다.

받음각이 작으면 날개 앞부분에서 위아래로 갈라진 공기 흐름이 층을 유지하며 날개 뒷부분을 향해 매끈하게 흐른다. 이처럼 층을 이룬 매끄러운 흐름을 '층류'laminar flow라 한다.(그림 2-5의 위)

받음각을 키우면, 날개 윗면을 흐르는 공기가 아랫면을 흐르는 공기보다 빨라진다. 따라서 받음각을 키울수록 그만큼 양력이 증가한다.

받음각이 커지다가 어느 정도를 넘어서면, 공기가 날개 끝에서 떨어져 나가는 실속 현상이 발생한다.(그림 2-5의 아래)

그림 2-5 연기 풍동으로 관찰한 날개 단면 주변 공기의 흐름

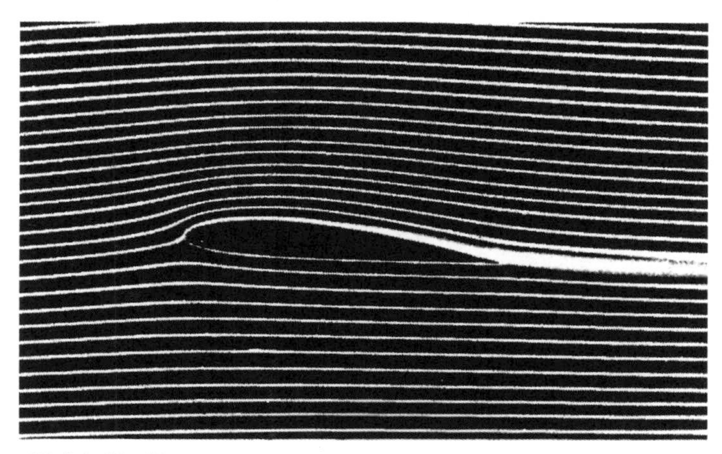

받음각이 작은 경우

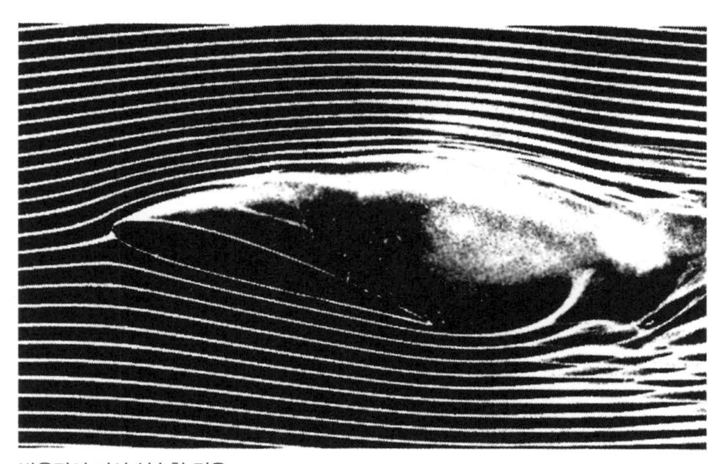

받음각이 커서 실속한 경우

그림 2-6 **층류익을 처음 사용한 전투기**

노스 아메리칸 P-51 머스탱
자료:Wikipedia

날개 위를 흐르는 기류의 속도를 측정해보면, 날개와 떨어진 정도에 따라 속도가 다르다는 사실을 알 수 있다. 날개 면에서 충분히 떨어진 곳에서는 기류 속도가 빠르지만, 날개 면에 가까워질수록 기류 속도가 서서히 감소한다. 날개 표면에서는 공기와 날개 면의 마찰 때문에 아예 속도가 0이 되어버린다. 이처럼 날개 윗면에서 기류 속도가 변화하는 공기층을 '경계층'이라 부른다. 실속 현상은 이러한 경계층이 날개에서 떨어져 나가는 박리 현상을 뜻한다.

경계층을 자세히 보면, 받음각이 작아도 날개 전연leading edge으로부터 어느 정도 떨어진 지점에서 경계층은 층류에서 난류turbulent flow로 변한다. 이 변화로 공기와 날개 면의 마찰 저항이 증가한다.

층류에서 난류로 변하는 위치를 최대한 뒷부분으로 옮긴다면, 그만큼 저항이 작은 익형을 만들 수 있다. 연구를 꾸준히 진행한 결과, 그림 2-3(59쪽)의 E와 같은 '층류익'이 탄생했다.

가장 많이 사용하는 비행 속도인 순항 속도(비행할 때 연료를 가장 많이 절약할 수 있는 속도)에서 이런 층류익 효과를 얻도록 설계한다면, 저항이 작아진다. 저항이 작아지면 속도가 빨라지고, 적은 연료로 장거리 비행을 할 수 있다. 제2차 세계대전에서 활약한 미국의 노스 아메리칸 P-51 머스탱은 처음 층류익을 사용한 비행기로도 유명하다.(그림 2-6)

제2차 세계대전이 끝나고 비행 속도가 음속을 넘어서자 익형은 크게 바뀌었다. 두께가 익현장의 3~5%에 불과할 정도로 얇고, 앞부분이 칼날처럼 예리한 익형이 등장했다. 록히드 F-104의 주날개가 대표적이다. 주날개 앞부분에 스치기만 해도 상처를 입을 만큼 익형이 얇아서 지상에서는 덮개로 덮어둘 정도였다.(59쪽 그림 2-3의 G) 이렇게 보면 초음속 비행이란 '칼날'로 공기를 가르며 양력을 발생시켜 하늘을 나는 것이라 할 수 있다.

이착륙에 필요한 고양력 장치

— 초음속 전투기라도 이착륙 시에는 속도를 늦춰야 한다. 이착륙 속도가 빠르다면 활주로 또한 길어야 하기 때문이다.

주날개 면적은 고속 비행할 때를 기준으로 설계한다. 소요 시간이 십여 분에 불과한 이착륙 때문에 날개 면적을 키우면 기체가 무거워지고, 고속 비행할 때 기체가 받는 저항도 커진다. 그렇게 연료 소비가 늘면 경제적인 비행을 할 수 없다. 그래서 날개 면적이 아닌 양력 계수를 이용해 속도를 조절해야 한다. 이착륙 시에는 실속하기 전까지만 받음각을 키워 양력 계수를 높인다.

시속 900km로 순항하도록 설계한 비행기가 양력 계수 0.5로 비행하게끔 주날개 면적을 정해보자. 착륙할 때 시속 250km로 속도를 늦춰도, 같은 양력 계수라면 양력이 $(250 \div 900)^2 \fallingdotseq \frac{1}{13}$로 확 줄어 추락할 듯이 하강한다. 보통 익형으로는 받음각을 실속 직전까지 키워도, 겨우 1.5의 양력 계수를 얻는다. 속도를 아무리 늦춰도 시속은 520km로 착륙 속도로는 너무 빠르다.

이륙할 때도 마찬가지다. 지상을 활주하며 시속 520km까지 속도를 올리지 않으면 기체는 자신의 양력만으로 떠오를 수 없다. 일반적인 활주로를 달리기에는 불가능한 이륙 속도다.

그래서 이착륙 속도가 느려도 쉽게 날 수 있도록, 양력 계수를 일시적으로 키우는 고양력 장치를 개발했다.

그림 2-7(68쪽)에서 실용화한 여러 고양력 장치를 살펴보자. A는 '단순 플랩'plain flap이며, 날개 뒷부분을 아래로 굽히는 방식이다. B는 '스플릿 플랩'split flap이며, 날개 아랫면에 부착한 판만 내리는 구조다. 위의 두 플랩은 날개의 캠버를 키운 듯한 효과를 낸다. C는 '파울러 플랩'fowler flap이며, 플랩에 해당하는 부분을 뒤로 밀어내며 아래로 굽히는 방식이다. 주날개 면적과 캠버를 동시에 크게 만드는 효과가 있으므로, 양력 계수가 단순 플랩이나 스플릿 플랩보다 더 커진다.

D는 '가동 슬랫'movable slat이며, A와 반대로 날개 앞부분을 아래로 굽혀서 캠버를 키운다. 받음각을 크게 했을 때 전연에서 발생하는 박리를 방지하므로, 실속에 이르는 받음각을 5도 정도 크게 만드는 장점이 있다. 일반적으로 양력 계수를 더욱 키우기 위해 단순 플랩과 함께 사용한다.

그림 2-7 다양한 고양력 장치

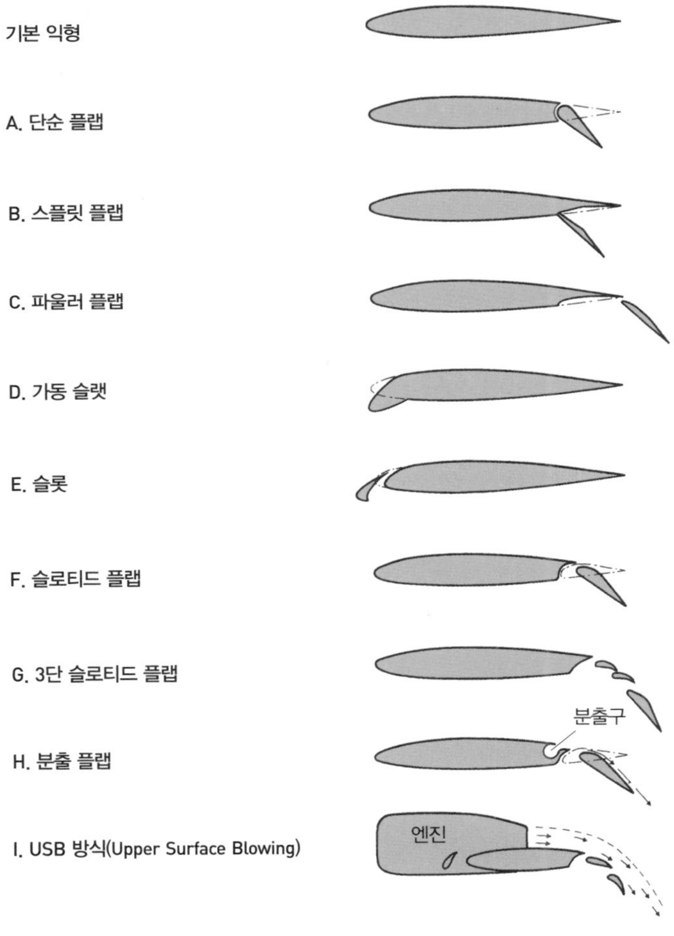

기본 익형

A. 단순 플랩

B. 스플릿 플랩

C. 파울러 플랩

D. 가동 슬랫

E. 슬롯

F. 슬로티드 플랩

G. 3단 슬로티드 플랩

분출구

H. 분출 플랩

I. USB 방식(Upper Surface Blowing)

엔진

또 다른 고양력 장치인 슬롯slot은 날개 면에서의 박리 현상을 방지하고, 받음각이 커도 실속하지 않게 한다. E는 날개 앞부분에 슬롯을 만들었다. 이 슬롯(빈틈)을 통과하며 빨라진 공기가 날개 표면을 흐르는 기류에 에너지를 더해서 박리를 막는다. 슬롯을 만들면 실속 전까지 받음각을 약 10도까지 키울 수 있다.

같은 원리를 플랩에 적용한 것이 F와 같은 '슬로티드 플랩'slotted flap이다. 일반적으로 플랩을 약 50도 정도까지 숙이면, 윗면에서 공기 박리가 발생하여 플랩의 효과가 제한된다. 하지만 플랩에 슬롯을 만들면, 날개 아랫면에 있는 높은 압력을 가진 공기 일부가 플랩 윗면으로 흐른다. 그만큼 에너지를 가지게 되어, 공기가 떨어져 나가는 것을 방지할 수 있다.

H는 '분출 플랩'이라 하며, 날개 아랫면의 공기를 이용하는 슬로티드 플랩과 달리, 엔진에서 압축한 공기 일부를 플랩 바로 앞에서 분출하여 슬롯과 같은 효과를 얻는다.

I는 연구용 STOL(단거리 이착륙기) '아스카'飛鳥에서 사용한 방식이다. 날개 윗면에 터보팬 엔진을 장착하고, 엔진 배기가스를 분출한다. 가스는 강력한 에너지를 가지고 날개 윗면을 흐르는 성질(코안다 효과, Coanda Effect)이 있다. 플랩을 수직에 가깝게 굽혀도 공기 박리가 발생하지 않는다. 게다가 아래로 향하는 배기가스의 힘이 더해져 4~5 이상의 높은 양력 계수를 얻을 수 있다.

주날개
평면형의 결정

— 주날개를 위에서 내려다본 평면 형태를 알아보자.(그림 2-8) 앞의 양력 실험에서 사용한 종이처럼 생긴 형태를 '직사각형 날개'라 한다. 이 밖에도 테이퍼 날개, 타원형 날개, 삼각형 날개, 여러 형태를 조합한 날개가 있다. 테이퍼 날개는 가늘고 긴 형태와 그렇지 않은 형태가 있다. 어떤 평면형을 선택할지는 비행기 용도에 달려 있다. 더불어 무게, 강도, 제작 용이성과 같은 점도 함께 고려해 결정한다.

먼저 가늘고 긴 테이퍼 날개 형태를 생각해보자. 앞에서 날개 윗면과 아랫면에 흐르는 공기 속도의 차이로 압력이 달라져 양력이 발생한다고 설명했다. 좀 더 정확히 설명하자면, 그 법칙은 날개 너비가 무한히 길다는 것을 전제로 한다. 하지만 실제로 비행기 날개는 제한된 길이를 가지고 있고, 날개의 끝부분에서의 압력은 이외의 부분과 다르게 발생한다.

그림 2-8 **여러 가지 주날개 평면형**

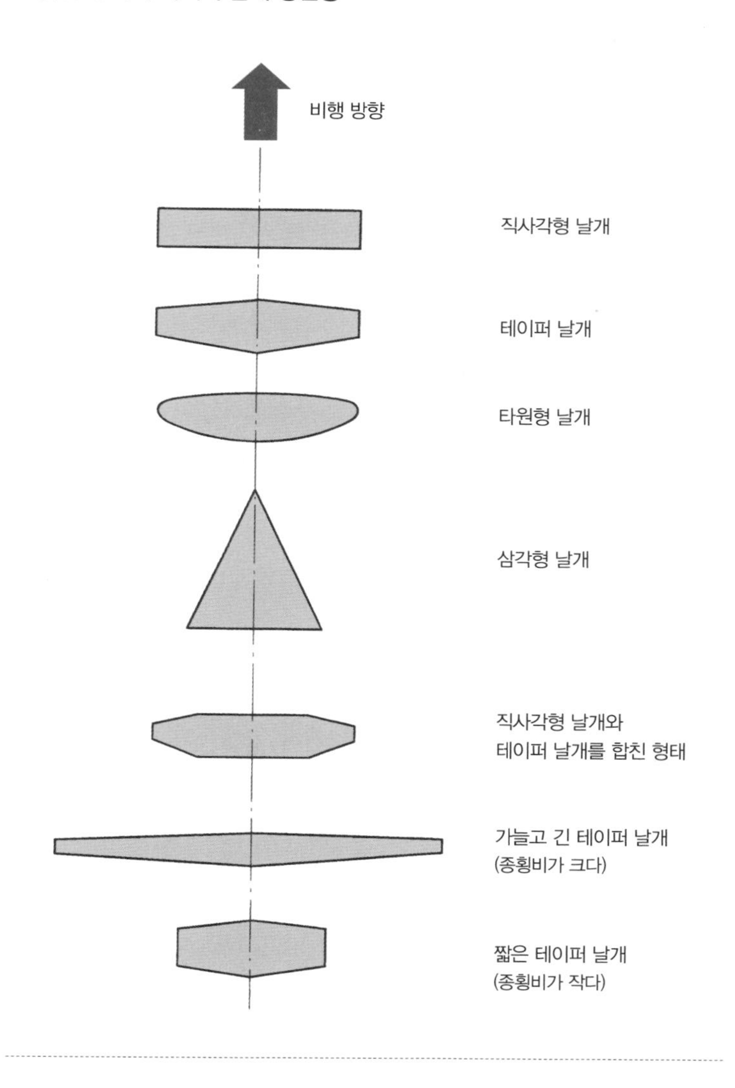

그림 2-9 **주날개 끝부분에서의 공기 흐름**

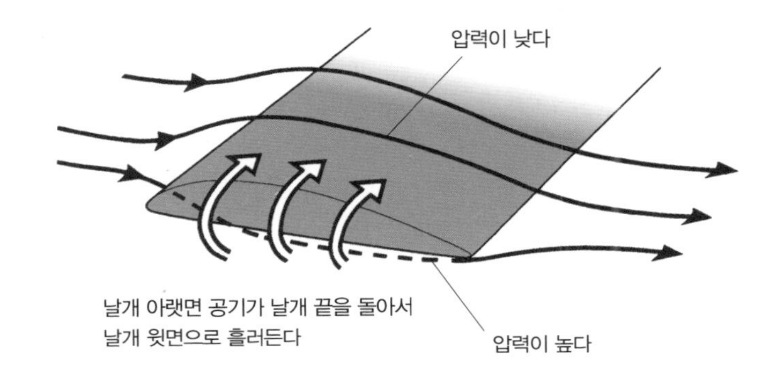

그림 2-9는 날개 끝부분의 공기 흐름을 보여준다. 기체는 압력이 높은 곳에서 낮은 곳으로 이동할 때, 가장 흐르기 쉬운 경로를 따라 이동하는 성질이 있다.

그림과 같이 윗면과 아랫면의 공기는 날개 너비의 가운데 부분을 지나 날개 뒷부분까지 흘러간다. 하지만 날개 끝부분에서는 굵은 화살표처럼 날개 아랫면의 공기가 윗면으로 흐르는 현상이 발생한다. 날개 끝부분으로 갈수록 날개 위아래의 압력차가 줄어드는 것이다. 즉 날개 끝에서는 양력이 작아지므로, 이 부분은 양력을 발생시키는 '날개' 역할을 제대로 하지 못한다.

이런 현상을 방지하기 위해, 날개 면적이 같다면 가능한 한 길고 가는 형태로 만든다. 제대로 기능을 하지 못하는 날개 끝부분의 넓이를 줄이는 것이다. 날개 너비와 익현장의 비를 '종횡비'aspect ratio라고 부른다. 종횡비가 클수록 주날개가 양력을 발생시키는 능력이 뛰어나다는 것을 의미한다.

하지만 주날개가 가늘고 길수록 날개의 강도는 약해진다. 그러므로 비행기 용도에 따라 양력과 강도 중에 무엇을 우선으로 할 것인지 선택해 가장 적합한 종횡비를 결정한다. 활공 성능을 중시하는 글라이더와 장거리 비행을 주로 하는 여객기, 수송기, 폭격기는 종횡비가 큰 주날개를 사용한다. 높은 운동 성능을 요구하는 전투기는 주날개에 큰 힘이 가해지므로 종횡비가 작은 주날개를 사용한다.

날개 너비 방향으로 양력의 분포를 늘리기 위해, 날개 중앙 부분의 면적을 크게 만들고 불필요한 날개 끝부분의 면적을 줄이는 방법도 있다. 이론상으로 타원형 날개가 이런 방법에 가장 적합한 형태라고 알려졌지만, 대량 생산이 쉽지 않다. 따라서 비슷한 수준의 양력 분포를 지닌 테이퍼 날개가 가장 많이 사용된다.

그림 2-10(74쪽)에서 날개 평면형의 특징을 확인할 수 있는 몇 가지 치수를 확인해보자. 날개 면적, 익현 길이, 날개 너비, 종횡비는 앞서 설명했다. 더불어 테이퍼 날개는 특징을 나타내기 위

그림 2-10 주날개 평면형 각 부분 치수

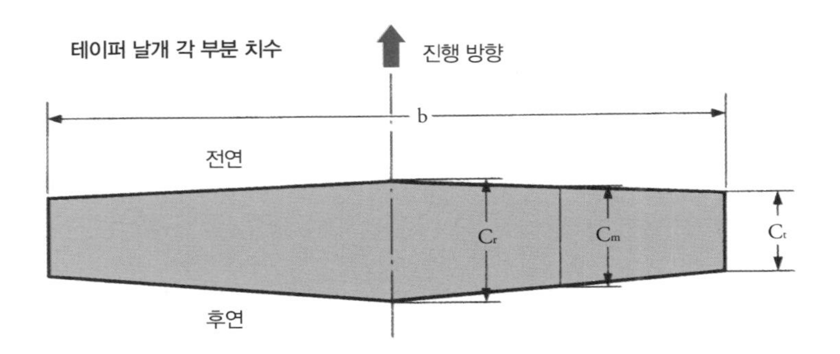

S : 날개 면적

$$S = b \times \frac{C_r + C_t}{2} = b \times C_m$$

A : 종횡비

$$A = \frac{b}{C_m} = \frac{b^2}{S}$$

λ : 테이퍼 비

$$\lambda = \frac{C_t}{C_r}$$

Λ : 후퇴각 또는 전진각(아래 그림 참고)

b : 날개 너비

C_r : 날개 중앙부의 익현 길이

C_t : 날개 끝부분의 익현 길이

C_m : 평균 공력 시위

$$C_m = \frac{C_r + C_t}{2}$$

(타원형 날개에서 C_r에 대한 정보만 있다면, $C_m \fallingdotseq 0.85C_r$로 간주한다)

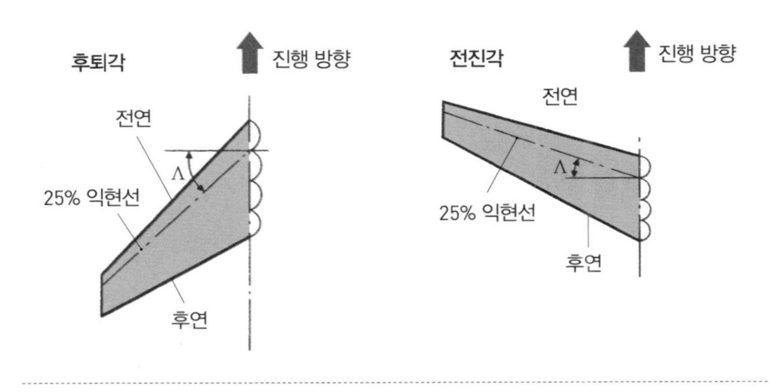

해 '테이퍼 비'를 사용한다. 테이퍼 비는 날개와 동체가 붙은 쪽의 익현 길이와 날개 바깥쪽 끝의 익현 길이 사이의 비를 뜻한다. 직사각형 날개는 당연히 테이퍼 비가 1이며, 테이퍼 날개는 1보다 작은 값을 가진다.

익현장을 더 알아보면, 타원형 날개와 테이퍼 날개에서 익현 길이는 날개 너비 방향 전체에 걸쳐서 달라진다. 모든 길이를 따지면 지나치게 복잡해지므로, '평균 공력 시위'라 부르는 평균 익현 길이를 사용한다. 테이퍼 날개와 타원형 날개에서 평균 공력 시위를 계산하는 방법은 그림 2-10에 나와 있다.

'후퇴각'과 '전진각'에서도 날개 평면형의 특징을 확인할 수 있다. 전연에서 익현 방향으로 4분의 1만큼 떨어진 지점을 연결한 선을 '25% 익현선'이라 부른다. 이 선이 비행기 동체의 전후 방향 중심선에 대해 수직일 때를 후퇴각 0도라 하고, 뒤로 향한 만큼 후퇴각이 있다고 한다. 반대로 25% 익현선이 앞으로 향하면, 그만큼 전진각이 있다고 한다.

비행기가 움직이면
발생하는 공기 저항

— 양력 실험에서 사용한 직사각형 종이를 바람이 불어오는 방향과 수직으로 세워보자. 즉 종이의 받음각이 90도가 되게 세우면, 바람이 향하는 방향으로 종이가 밀리는 힘을 느낄 수 있다. 이 힘이 공기 저항이며 '항력'이라 부른다.

종이를 조금씩 앞으로 기울여서 받음각을 줄이면, 항력은 감소하고 오히려 양력이 증가하는 것을 알 수 있다. 앞서 양력 실험을 하는 동안에도 항력은 발생했다. 받음각이 작아 양력보다 항력이 작았기 때문에 잘 느껴지지 않았던 것뿐이다.

즉 비행기가 비행하면 주날개에는 반드시 비행 방향과 반대 방향의 항력이 작용하며, 항력은 다음과 같은 식으로 나타낼 수 있다. 공기 밀도 ρ(로우), 비행 속도 V, 주날개 면적 S는 53쪽에 나온 양력에 관한 식(1)과 같으며, 항력 D(kg)는 다음 식과 같다.

그림 2-11 **받음각 변화에 따른 항력 계수의 변화(예)**

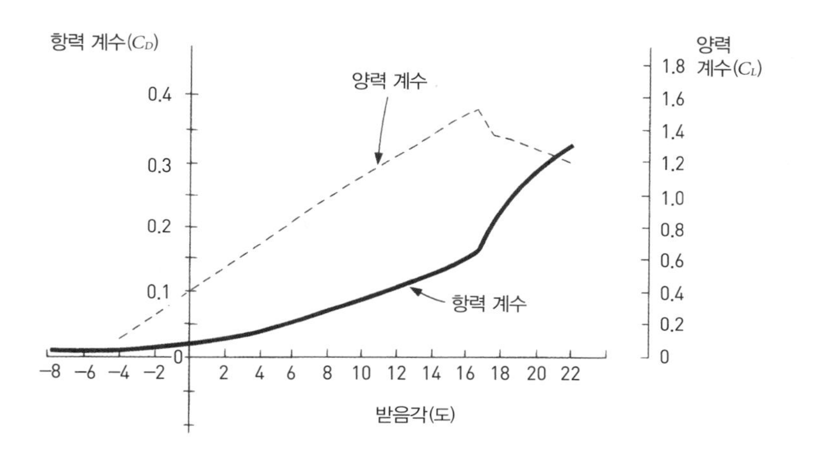

$$D = \frac{1}{2}\rho \times V^2 \times S \times C_D \cdots\cdots\cdots\cdots\cdots (4)$$

이 식을 통해 항력 D도 공기 밀도와 주날개 면적, 속도의 제곱에 비례해서 커진다는 사실을 확인할 수 있다.

이 식에 등장하는 기호 C_D는 '항력 계수'라 하며, 양력 계수 C_L처럼 주날개의 받음각, 날개 형태와 밀접한 관계가 있다.

받음각에 따른 항력 계수 C_D의 변화를 측정한 결과는 그림 2-11에서 볼 수 있다. 참고하기 위해 점선으로 표시한 양력 계수를 함께 보면, 항력 계수 C_D는 받음각이 마이너스 4도 정도일 때 가장 작다. 받음각이 커지면 함께 서서히 커지다가 받음각이 16도를 지나면, 급격히 증가한다. 이것은 양력 계수 C_L이 더 증가하지 못하고 실속하는 것과 맞아떨어진다.

공기 저항은 주날개뿐만 아니라, 비행기의 다른 부분에서도 발생한다. 이 모든 저항이 더해져서 비행기 전체의 공기 저항으로 작용하는데, 공기 저항이 발생하는 주요 원인으로 다음 4가지를 들 수 있다.

1. 마찰 저항
2. 날개 표면 압력 분포에 의한 저항
3. 유도 저항
4. 조파 저항

마찰 저항은 공기가 날개 및 동체의 표면과 마찰하여 발생한다. 특히 아음속(마하 1 이하. 날개와 동체 표면을 따라 흐르는 공기의 속도를 음속 이하로 유지해야 하므로, 비행 속도는 대략 마하 0.8을 넘지 않는다.)으로 비행하면 마찰 저항이 전체 저항의 대부분을 차지한다. 마찰 저항을 줄이기 위해서는 날개와 동체의 표면적을 가능한 한 작게 설계하거나, 표면을 매끈하게 만들어야 한다.

그림 2-12 **날개 단면 주변의 압력 분포**

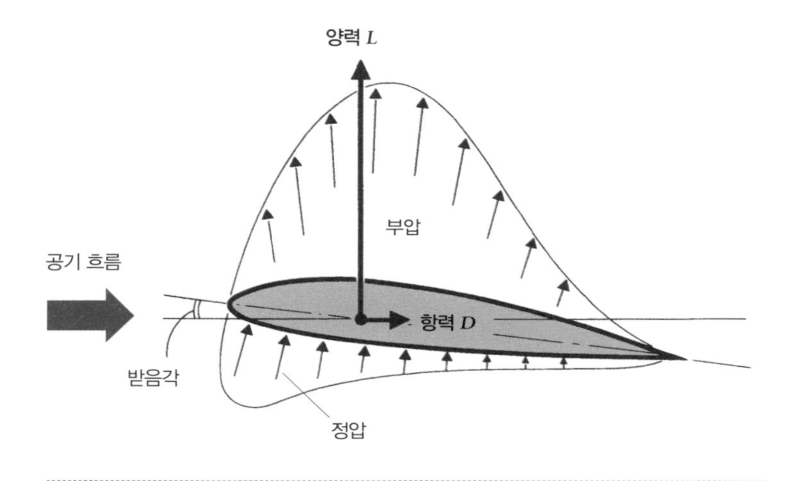

날개 표면 압력 분포에 의한 저항은 양력을 얻기 위해서 어쩔 수 없이 발생하는 저항이다. 그림 2-12는 날개 표면 각 위치에서의 압력 크기와 방향을 화살표 길이와 방향으로 표시했다.

이 압력을 위로 향하는 성분 L과 바람이 부는 방향으로 향하는 성분 D로 분해하면, L이 양력이며 D가 압력 분포에 의한 저항인 항력이 된다.

유도 저항은 그림 2-9(72쪽)에서처럼 날개 끝부분의 공기가 아랫면에서 윗면으로 돌아 들어가는 현상 때문에 발생한다. 앞에

그림 2-13 **단면적 법칙과 이를 이용해 음속을 돌파한 전투기**

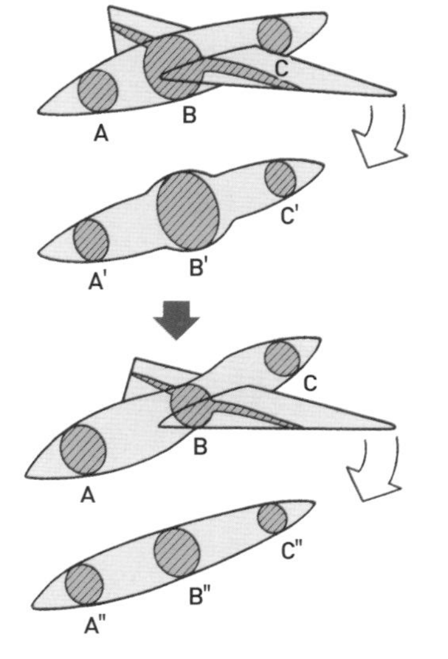

위와 같은 단면 분포를 가지는 동체와 주날개를 조합하면, 아래와 같은 저항이 발생한다.

동체를 잘록하게 만들어 아래와 같은 단면 분포를 하게 하면, 조파 저항을 줄일 수 있다.

컨베이어 F-102A

서 설명한 바와 같이 종횡비를 크게 하면 줄일 수 있다.

저항 중에서 마찰 저항부터 유도 저항까지는 어떤 속도로 비행하더라도 발생하지만, 조파 저항은 비행기가 천음속(음속보다 느린 부분과 넘는 부분이 공존하는 것)으로 비행하거나, 초음속으로 비행할 때에 발생하는 충격파로 인한 저항이다.

후퇴각과 얇은 주날개는 조파 저항의 원인인 충격파를 줄이기 위해서 고안되었다. 비행기 동체와 날개를 접합하는 방법을 개선해도 충격파를 줄일 수 있다.

그림 2-13은 삼각형 날개를 가진 전투기의 동체와 주날개 단면적을 앞에서부터 차례로 측정하여 표시한 것이다. 그림에서 알 수 있듯이, 동체와 주날개가 붙어 있는 부분에서는 동체 면적에 날개 면적이 더해진다. 단면적이 크게 증가하므로, 조파 저항이 현저하게 커진다.

이 문제를 해결하기 위해 날개와 접합하는 동체 부분을 그림 2-13의 아래 그림에서 보듯이 잘록하게 만들어서 합계 단면적을 동체만의 단면적과 거의 비슷하게 만들면, 조파 저항을 줄일 수 있다. 이것을 '단면적 법칙'Area-rule Concept이라 부르며, 최근의 초음속 비행기에서 날개가 붙어 있는 동체 부분이 잘록한 형태인 것도 단면적 법칙 때문이다.

추력이 없으면
날 수 없는 비행기

— 비행을 위해 양력을 발생시키면 항력도 함께 발생한다는 사실을 설명했다. 그러므로 비행기가 날기 위해서는 항력을 이겨내고 비행기를 진행 방향으로 움직이는 힘이 더해져야 한다. 이 힘을 '추력'이라 부른다.

일정한 속도로 수평 비행을 하는 기체에 추력을 더하면 가속하고, 빨라진 만큼 양력이 발생해 더욱 상승한다. 반대로 추력을 줄이면 비행기는 감속하거나 양력을 잃고 하강한다.

비행기 속도를 높이려면 항력보다 큰 추력을 가해야 한다. 하지만 앞에서 설명한 대로 항력은 속도의 제곱에 비례하므로 속도가 2배 빨라지면, 저항은 4배나 커진다. 그러므로 프로펠러에서 발생하는 추력도 4배가 되어야 한다. 일반적으로 프로펠러를 돌리는 데 필요한 엔진 마력은 추력과 비행 속도의 곱에 비례한다. 결국 필요한 엔진 마력은 속도의 세제곱에 비례한다.

예를 들어, 500마력 엔진을 사용하여 시속 300km로 비행하는 기체의 속도를 시속 600km로 높이려면 500마력×(600÷300)^3=4,000마력짜리 엔진이 필요하다.

내연기관Internal Combustion Engine으로 출력할 수 있는 힘에는 한계가 있었다. 단발기에서는 약 2,000마력, 사발기에서는 1기당 약 3,500마력이 최대로, 이는 프로펠러 비행기의 속도를 높이는 데 한계로 작용했다. 하지만 제트 엔진이 실용화되면서 엔진이 내는 추력이 크게 증가했다. 점보 제트기는 4개 엔진의 마력을 합하면 10만 마력 이상의 강력한 힘을 낸다. 이렇게 강력한 추력을 내는 엔진이 초음속 비행기와 350톤이나 되는 대형 여객기의 비행을 가능하게 했다.

기체 무게의 일부로 비행하는 글라이더

— 글라이더에는 엔진이 없지만, 일정한 속도로 활강할 수 있다. 활강하면 당연히 항력이 작용하므로, 이 항력을 이겨낼 추력이 있어야 한다. 그렇다면 엔진이 없는 글라이더는 어떻게 추력을 만들까?

그림 2-14의 A는 글라이더가 활강하는 자세를 보여준다. 기수를 수평보다 아래로 향하여 하강 자세를 취하면 중력이 진행 방향 성분과 진행 방향에 수직인 성분으로 나뉜다. 그중 진행 방향 성분인, W(중력)$\times \sin\theta_1$ 만큼이 추력으로 작용한다. 자전거가 비탈길을 내려갈 때, 페달을 밟지 않아도 앞으로 나아가는 것과 같은 이치다.

글라이더를 상승시킬 때는 그림 2-14의 B에서처럼 중력 일부가 공기 저항에 더해진다. 따라서 동력을 가진 비행기로 글라이더를 끌어서 상승하거나, 기수에 매단 와이어를 윈치(권양기)나 자

그림 2-14 **글라이더가 활공할 때와 상승할 때의 추력**

A. 활공 상태에서는 기체의 진행 방향과 일치하는 중력 성분이 추력으로 작용한다

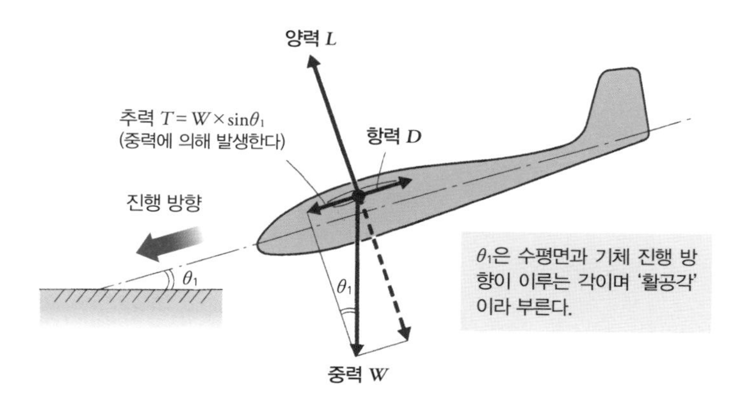

B. 상승 상태에서는 항력 D에 기체의 진행 방향과 반대인 중력 성분 D_0를 더한 만큼 추력이 필요하다

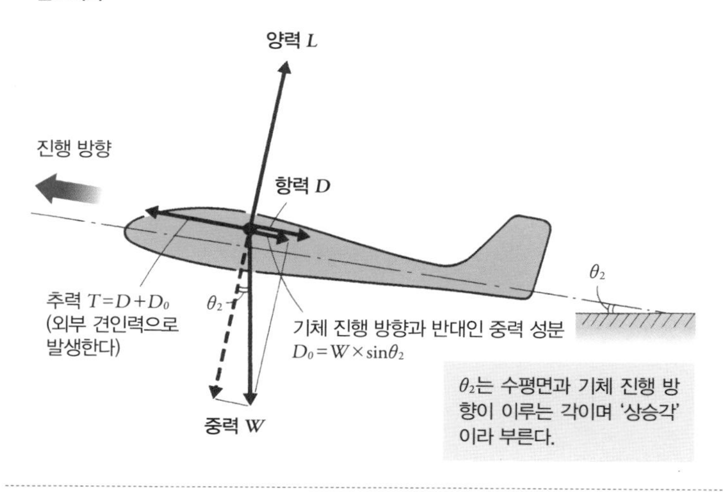

동차로 잡아당겨서 글라이더에 추력을 가해야 한다. 모형 비행기도 글라이더에 포함되므로, 활공할 때는 중력 일부를 추력으로 사용한다. 모형 비행기를 날리기 위해서는 마찬가지로 손으로 던지거나, 고무줄을 이용해 외부에서 추력을 가해야 한다. 기체 무게와 발진 속도에 해당하는 에너지만큼 모형 비행기가 상승할 수 있다.

주날개가 제대로 작용하려면 필요한 것들

— 여기까지 주날개에서 양력을 발생시키는 원리와 양력을 키우는 방법을 설명했다. 경계층이나 충격파같이 처음 듣는 내용이 많아서 이해하기 어려웠을 수도 있다. 전부를 이해하기는 어렵더라도, 비행을 위한 두 가지만은 꼭 알아두자.

첫 번째로, 어떤 형태의 비행이더라도 날기 위해서는 주날개의 받음각을 유지해야만 한다. 두 번째로, 저항을 이겨낼 만큼의 추력이 있어야 한다.

이 두 가지가 없으면 비행기는 절대 날 수 없다. 또한 주날개가 비행의 주역이기는 하지만, 그 주역이 제대로 작용하도록 돕는 장치도 반드시 필요하다는 사실을 기억하자.

Chapter 3

비행기는 어떻게 안정된 자세를 유지하는가

비행기의 비행 자세

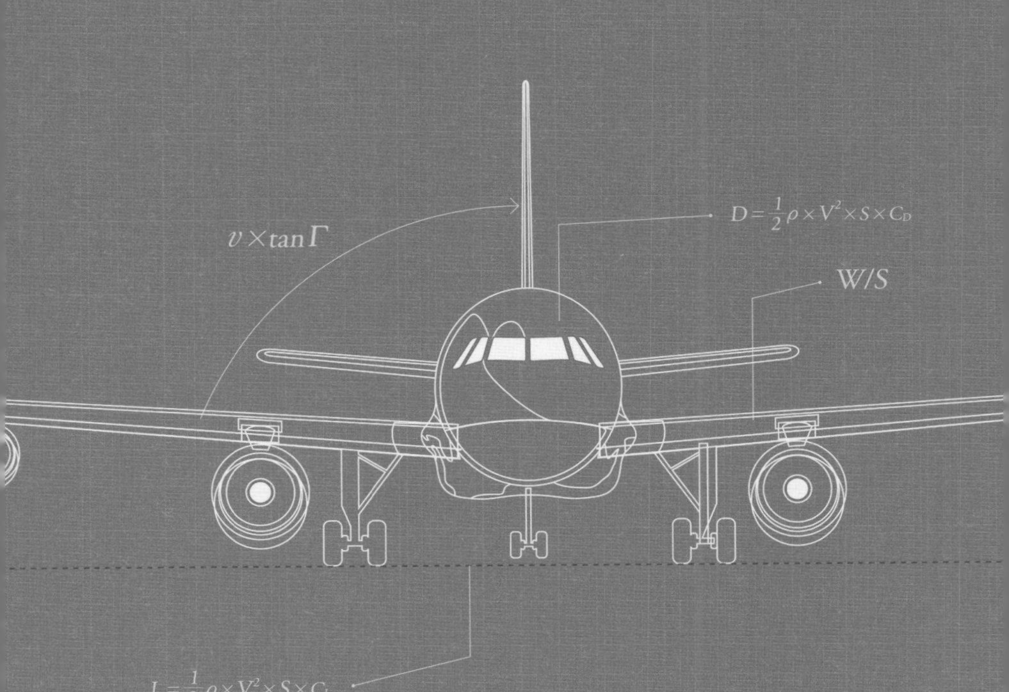

주날개만 달린 비행기는 잘 날 수 있을까? 언뜻 생각하면 양력은 주날개에서 발생하니 가능할 듯하다. 그렇다면 실제로 주날개만 달린 모형 비행기를 날려보면 어떨까? 날려보면 알겠지만, 처음에는 직진해서 안정적으로 활공하다가 앞뒤로 흔들리고는 바로 추락해버릴 것이다.

비행기가 잘 날기 위해서는 공중에서 자세를 일정하게 유지해야 한다. 이를 '안정'과 '균형'이라 표현한다. 주날개만으로는 그 두 가지를 유지하기 어렵다. 그래서 주날개만 가진 모형 비행기가 흔들리다가 추락해버리는 것이다. 그렇다면 비행기의 '안정'과 '균형'을 유지하려면 무엇이 필요할까?

비행 자세를 이해하기 위한 세 가지 방향과 축

— 비행기의 운동을 이해하기 위해서는 비행기의 비행 자세를 관찰하는 게 중요하다. 관찰이란 단순히 바라보는 것이 아니다. 그림 3-1과 같이 세 방향에 대한 움직임과 세 축을 중심으로 하는 회전을 떠올리면서 비행 자세를 파악하는 것이다. 이렇게 하면 복잡해 보이는 비행기의 운동도 알기 쉽게 정리할 수 있다.

세 방향이란 전후, 상하, 좌우를 말한다. 하늘을 나는 동안 비행기는 전진하므로 상하, 좌우 방향 움직임에 주목할 필요가 있다. 세 축은 기체의 무게중심에서 서로 수직으로 교차하며, 그림 3-1에서는 X축(세로축), Y축(가로축), Z축(수직축)으로 표기한다.

비행기의 무게중심을 통과하며 주날개와 거의 평행한 Y축을 중심으로 기수가 위아래로 움직이는 운동을 '피칭'pitching(키놀이)이라 한다. 비행기의 무게중심을 통과하며 동체 앞과 끝을 관통하

그림 3-1 비행기의 운동을 이해하기 위한 세 가지 방향과 축

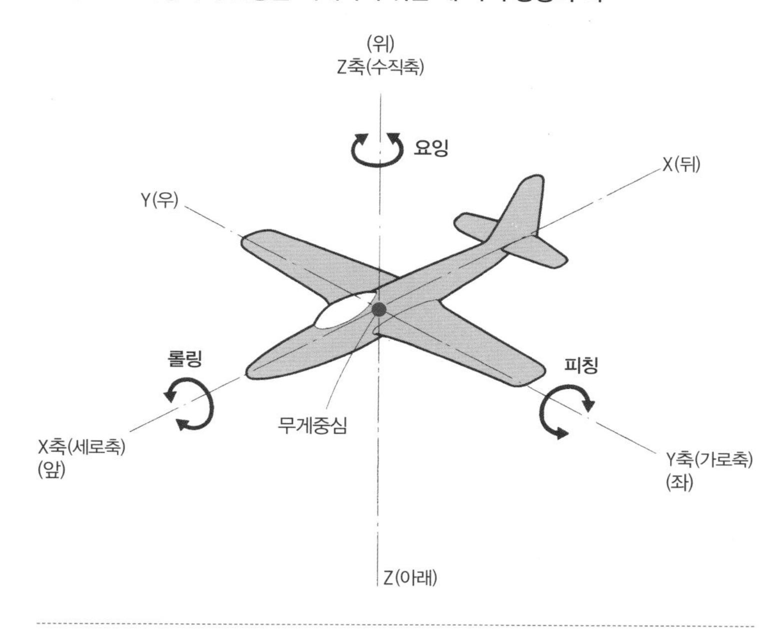

는 X축을 중심으로 회전하는 운동을 '롤링'rolling(옆놀이)이라 한다. 그리고 X축, Y축과 직교하며 동체를 위아래로 관통하는 Z축을 중심으로 회전하는 운동을 '요잉'yawing(빗놀이)이라 한다.

앞에서 주날개만 달린 모형 비행기를 날리면 앞뒤로 흔들리다 추락한다고 말했다. 이는 Y축을 중심으로 회전하는 피칭이 심한 경우라고 할 수 있다.

모형 비행기로 알아보는 비행기의 운동

— 특별히 제작한 모형 비행기를 사용하여 세 축과 세 방향에 따른 비행기의 움직임을 관찰해보자. 이 비행기들은 주날개, 동체 형태, 무게가 모두 같지만, 다른 부분에서 조금씩 차이가 있다.(그림 3-2)

- 기체 A는 주날개와 동체만으로 만들었다.
- 기체 B는 기체 A에 수평꼬리날개를 부착했다.
- 기체 C는 기체 B에 수직꼬리날개를 부착하고, 주날개의 상반각을 없앴다.
- 기체 D는 기체 C의 주날개에 상반각을 설정했다.
- 기체 E는 기체 D와 외관은 같지만, 무게중심 위치를 기체 D보다 뒤쪽으로 설정했다.

그림 3-2 실험용 모형 비행기의 비행 자세

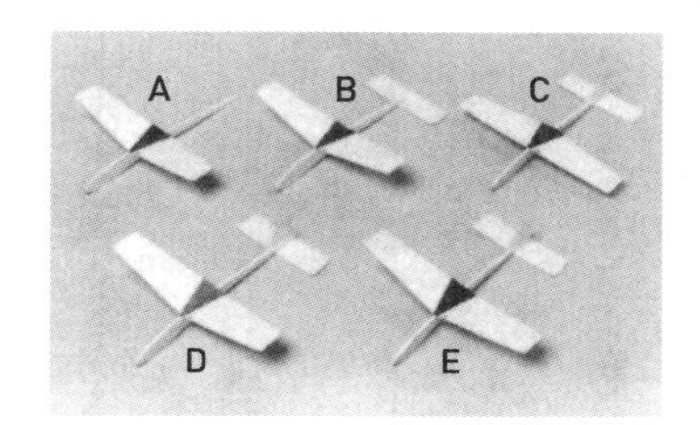

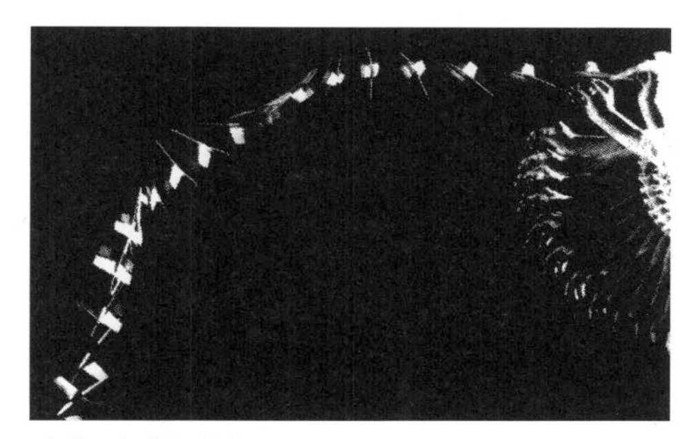

기체 A의 비행 자세

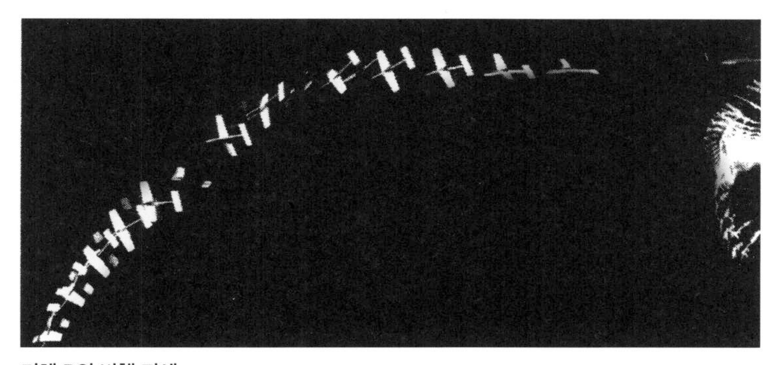

기체 B의 비행 자세

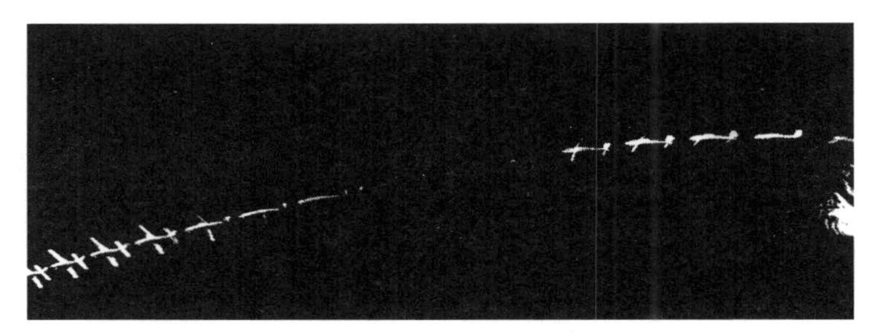

기체 C의 비행 자세

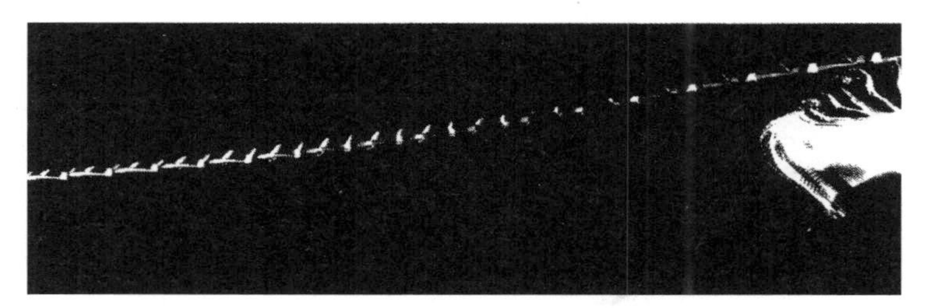

기체 D의 비행 자세

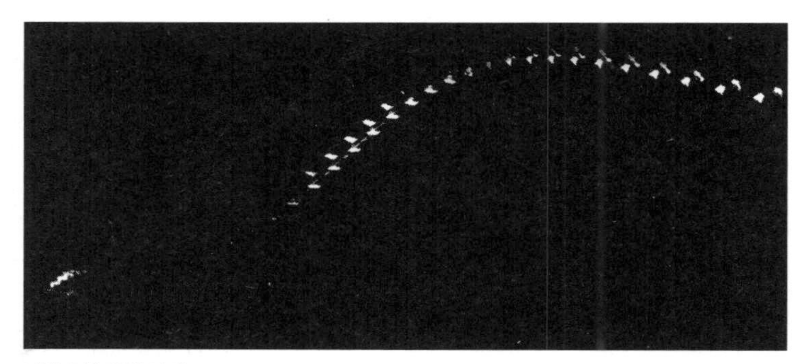

기체 E의 비행 자세

이 비행기들을 순서대로 날려보면, 기체 A는 날리자마자 수직으로 회전하는 키돌이 비행을 하다가 추락한다. 기체 B는 잠깐 활공하다가 좌우로 흔들리고는 옆으로 뒤집어진다.

기체 C는 직진하다가 한쪽으로 점점 기울더니 결국 땅에 떨어진다. 기체 D는 10m 이상을 활공한다. 마지막으로 기체 E는 처음에 직진하다가 기수를 올려 상승하더니 갑자기 기수를 떨어뜨린다. 이런 움직임을 반복하며 파도치듯 활공한다.

이 실험에서 기체 D만 제대로 날았다. 다른 기체들은 양력, 중력, 항력의 균형이 맞지 않거나 세 축에 대한 안정성이 부족해서 제대로 날지 못했다.

작용점과 균형 잡기

— 수평 비행을 하기 위해서는 비행기에 작용하는 중력과 양력, 항력과 추력의 크기가 서로 같아야 한다고 말했다. 그런데 과연 힘의 크기만 같아도 괜찮은 걸까? '힘의 3요소'를 생각해보면, 힘에는 '크기' '방향' '작용점'이 존재한다.

그중 힘의 작용점을 간단하게 설명하기 위해 그림 3-3에 항력과 추력은 생략하고 중력과 양력만을 표시했다. A에서처럼 중력과 양력의 작용점이 일치하면 비행기는 균형을 유지한다. 중력의 작용점은 '무게중심', 양력의 작용점은 '양력중심'이라 부른다.

만약 B처럼 각 힘의 작용점이 달라서 무게중심이 양력중심보다 앞에 있으면, 중력과 양력의 크기가 같아도 기수가 내려간다. C처럼 무게중심이 양력중심보다 뒤에 있으면, 기수는 올라간다.

과연 그림 3-3의 A처럼 무게중심과 양력중심이 항상 일치하는 것이 실제로 가능할까? 하늘을 나는 모든 비행기는 연료를 신

그림 3-3 중력과 양력의 균형

A. 무게중심과 양력중심이 일치할 때

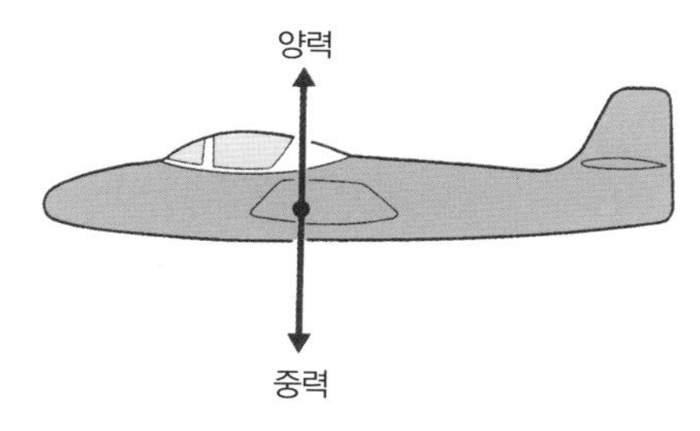

B. 무게중심이 양력중심보다 앞에 있을 때

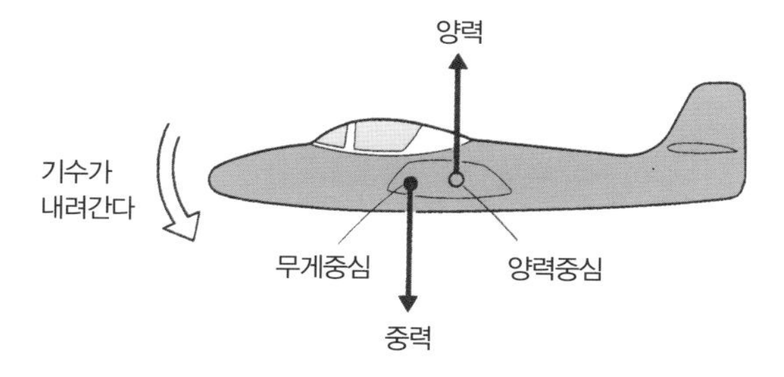

C. 무게중심이 양력중심보다 뒤에 있을 때

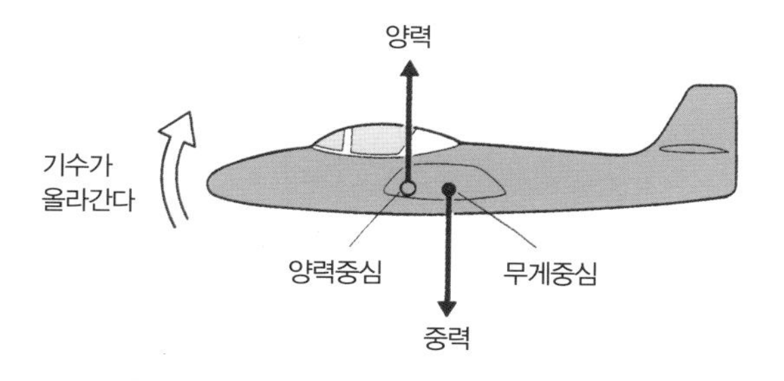

그림 3-4 항력과 추력의 균형

A. 추력 작용점과 항력 작용점이 가까울 때

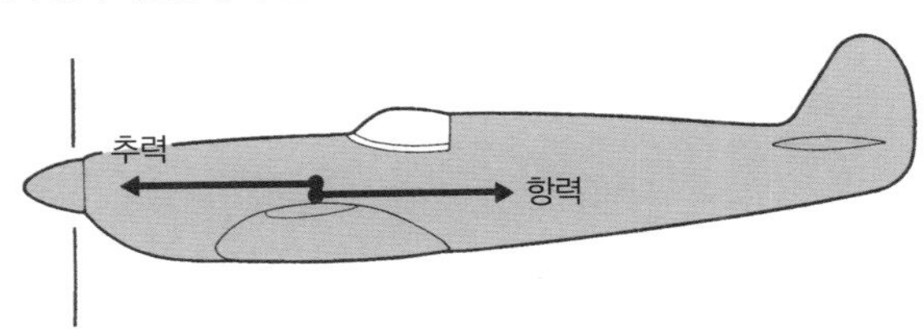

B. 추력 작용점과 항력 작용점이 멀 때

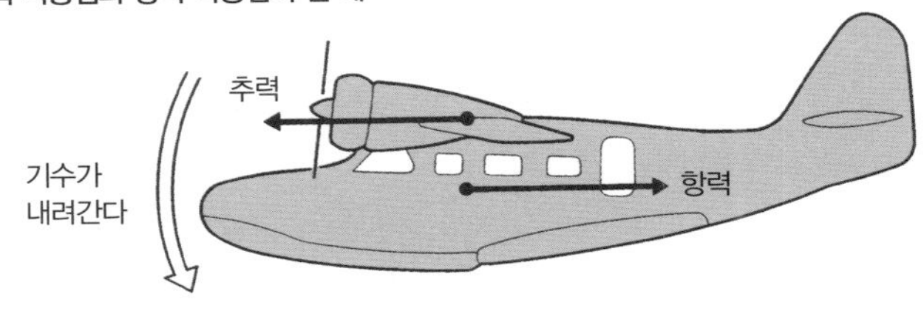

고 있다. 연료를 전부 한 곳에 모을 수는 없으므로, 일반적으로 주날개와 동체 구석구석에 연료 탱크를 분산해 설치한다. 그러므로 오랜 비행으로 연료를 소비하면 무게중심의 위치도 당연히 변한다. 여객기에서 승객이 좌석을 옮기면 어떻게 될까? 소형 비행기라면 무게중심이 움직일 정도로 영향을 받아 비행 자세도 변할 것이다. 비행 자세가 변하면 양력중심의 위치도 바뀐다.

항력과 추력 사이에도 같은 현상이 일어난다. 일반적인 비행기라면 기체 중심 근처에 엔진을 설치해서 추력과 항력이 거의 일직선상에서 작용하도록 설계한다.(그림 3-4의 A) 수상기는 프로펠러와 엔진에 물이 튀지 않도록 그림 3-4의 B처럼 엔진을 동체 윗부분에 장착하기도 한다. 이처럼 엔진을 동체 위에 설치하면 추력과 항력의 작용점이 멀어진다. 따라서 비행 중에 속도를 높이기 위해 엔진 출력을 높이면 추력이 커져서 기수를 내리는 힘이 커진다. 추력과 항력 사이의 균형이 깨지는 것이다. 이런 상황에서는 어떻게 해야 할까?

승강키로 잡는 피칭 균형

— 추력과 항력, 중력과 양력 사이의 균형이 맞지 않을 때는 승강키가 가로축을 중심으로 일정한 비행 자세를 유지하도록 돕는다.

대부분의 양력은 주날개에서 발생하지만, 승강키에서도 양력을 발생시킬 수 있다.(그림 3-5)

그림 3-5의 B처럼 무게중심이 양력중심보다 앞에 있으면, 승강키를 올려서 수평꼬리날개에 마이너스 양력negative lift(아래로 향함)을 발생시킨다. 반대로 C처럼 무게중심이 양력중심 뒤에 있으면, 승강키를 내려서 수평꼬리날개에 플러스 양력positive lift(위로 향함)을 발생시킨다. 이렇게 승강키를 사용해 중력과 양력 사이에서 균형을 잡는다. 비행기를 상승시키거나 하강시키기 위해서만 승강키가 필요한 것이 아니라, 수평 비행 자세를 유지하기 위해서도 승강키를 사용한다.

그림 3-5 승강키로 피칭 균형을 잡는다

A. 무게중심과 양력중심이 일치할 때 – 승강키는 중립

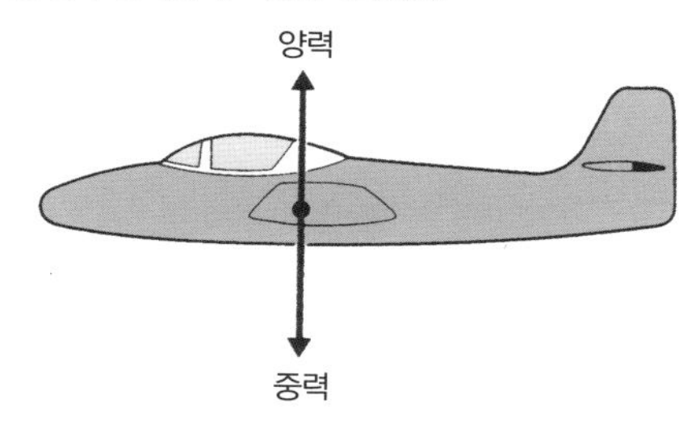

B. 무게중심이 양력중심보다 앞에 있을 때 – 승강키를 올림

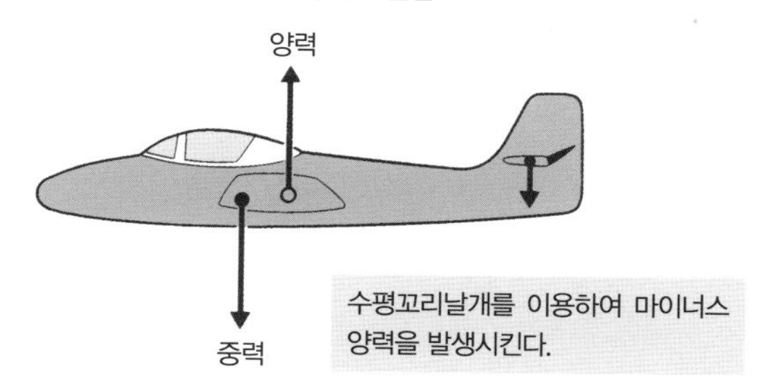

C. 무게중심이 양력중심보다 뒤에 있을 때 – 승강키를 내림

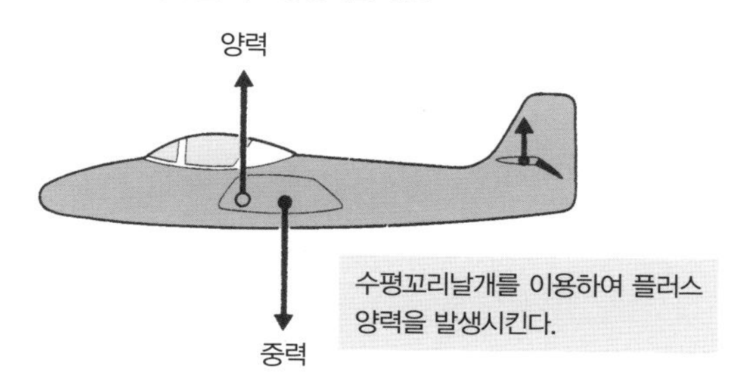

그림 3-6 **수평꼬리날개가 없는 비행기가 균형을 잡는 방법**

A. 삼각익기

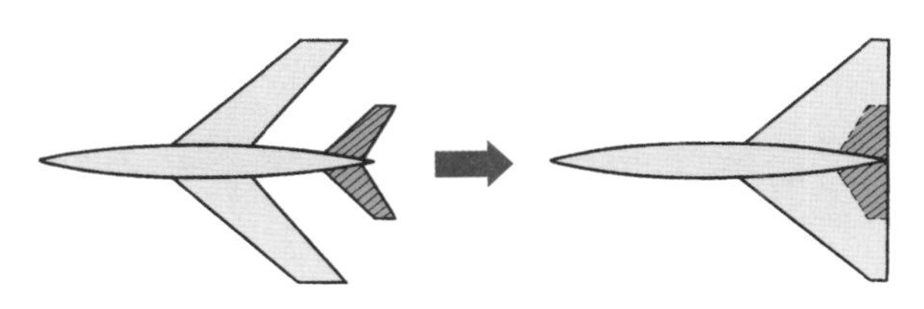

B. 무미익기

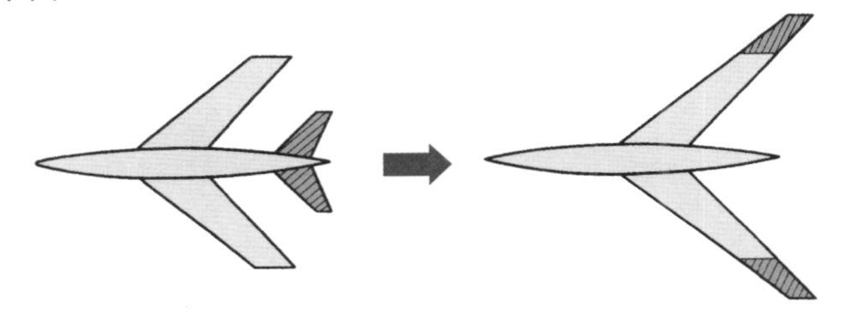

승강키로 비행 자세를 유지하는 조작을 '트림trim(미세 조정)을 잡는다'라고 한다. 사람이 탑승하는 비행기는 당연히 조종사가 담당하지만, 날린 후에 조작을 할 수 없는 모형 비행기는 어떻게 해야 할까?

먼저 시험 비행으로 활공 자세를 잘 관찰해서 앞뒤 균형을 파악해야 한다. 자세를 살핀 후, 균형이 유지되도록 수평꼬리날개의 승강키 부분을 조절한다.

삼각익기나 무미익기처럼 수평꼬리날개가 없는 기체는 어떻게 피칭 균형을 잡을까? 이런 비행기는 주날개 후연의 도움날개에 해당하는 부분이 수평꼬리날개의 기능을 한다. 그림 3-6을 보면, 삼각익기는 보통형의 주날개 후퇴익을 최대로 늘리다가 주날개와 수평꼬리날개가 합쳐진 모양이다. 무미익기는 반대로 수평꼬리날개를 동체에서 떼어 주날개의 끝에 붙였다고 생각하면 이해하기 쉽다. 이렇게 합쳐진 주날개에서는 수평꼬리날개에 해당하는 부분이 승강키를 대신한다.

요잉과 롤링 균형

— 피칭에 비해 요잉과 롤링 균형은 크게 신경 쓰지 않아도 된다. 비행기는 앞이나 위에서 봤을 때 좌우가 대칭으로 이루어져서, 기체의 좌우 무게가 같기 때문이다. 다만, 몇 가지 특수한 상황에서는 요잉과 롤링 균형도 피칭만큼 신경 써야 한다.

요잉 균형은 옆바람이 불어올 때 이착륙하거나 다발기의 한쪽 엔진이 고장나는 상황에 신경 써야 한다.(그림 3-7)

옆바람이 부는 동안 기체가 똑바로 앞을 향해 이착륙을 시도하면 바람에 밀려 활주로를 벗어난다. 이를 피하기 위해서는 옆바람이 불어오는 방향으로 방향키를 굽혀서, 수직꼬리날개로 바람이 부는 방향에 맞서는 공기력을 발생시켜야 한다. 바람이 불어오는 방향으로 기수가 향하면, 바람에 밀려나지 않을 수 있다.

쌍발기에서 오른쪽 엔진이 정지하면, 왼쪽 엔진에서만 추력

그림 3-7 방향키로 요잉 균형을 잡는다

A. 옆바람을 받으며 이착륙할 때

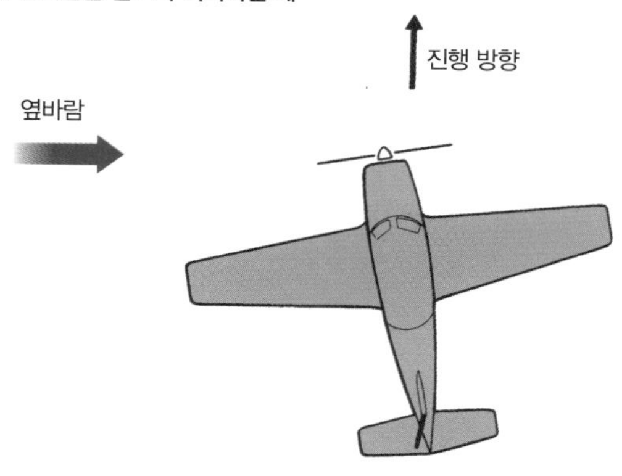

B. 쌍발기에서 한쪽 엔진이 정지했을 때

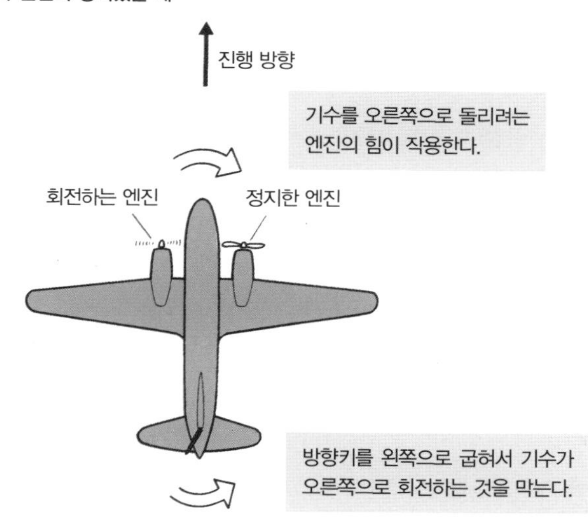

그림 3-8 **도움날개를 사용하여 롤링 균형을 잡는다**

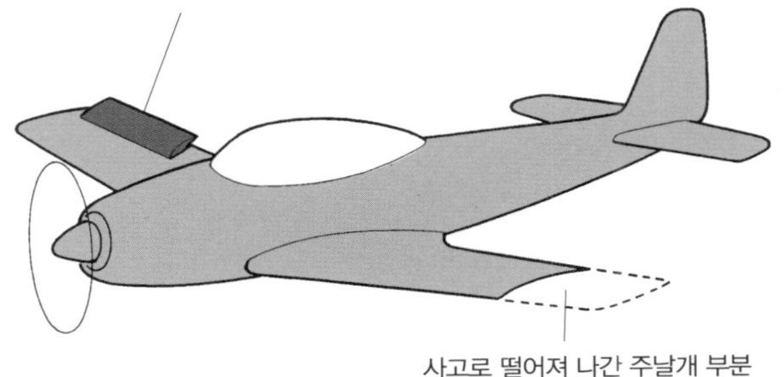

이 발생한다. 그러면 기수는 오른쪽으로 돌게 된다. 이때는 방향키를 왼쪽으로 굽혀서, 수직꼬리날개에 오른쪽으로 향하는 힘을 발생시켜 기수의 방향을 유지한다. 엔진이 동체에서 멀리 떨어질수록 이런 현상이 더 현저하게 나타난다.

롤링 균형은 사고로 주날개의 끝부분이 떨어져 나가거나 한쪽 날개에만 하중이 걸리는 상황일 때 신경을 써야 한다. 그림 3-8과 같은 상황에서는 왼쪽 날개 양력이 오른쪽보다 작아져서 기체가 왼쪽으로 넘어간다. 이때는 오른쪽 도움날개를 올리고 왼쪽 도움날개를 내려서 양쪽 날개 양력의 균형을 잡아야 한다.

방향키만으로 바꿀 수 없는 비행기 방향

— 비행기 진행 방향을 오른쪽이나 왼쪽으로 바꾸려면 방향키를 사용해야 한다고 오해하는 사람이 많다. '방향키'라는 이름 때문에 자동차 핸들과 같은 기능을 한다고 생각하는 것이다. 하지만 방향키는 기체가 가리키는 방향만 바꿀 뿐, 진행 방향을 바꾸지는 못한다.

자동차 핸들의 기능을 살펴보자. 자동차의 핸들을 왼쪽으로 돌리면 앞바퀴의 방향이 왼쪽으로 돌아간다. 차체는 직진하려 해도 바퀴와 지면 사이의 마찰 때문에 차체를 왼쪽으로 움직이는 강한 힘이 발생하고, 자동차는 좌회전한다.

만일 지면이 얼음이라면 어떨까? 달리는 자동차의 핸들을 왼쪽으로 돌려도 바퀴는 달리던 방향으로 미끄러져 계속 직진한다. 일반적으로 '슬립'slip이라 부르는 현상이다. 얼음 지면과 바퀴 사이의 마찰력이 매우 작아, 자동차를 왼쪽으로 돌릴 만큼의 힘

그림 3-9 **기체를 기울이지 않으면 비행기 진행 방향을 바꾸기 어렵다**

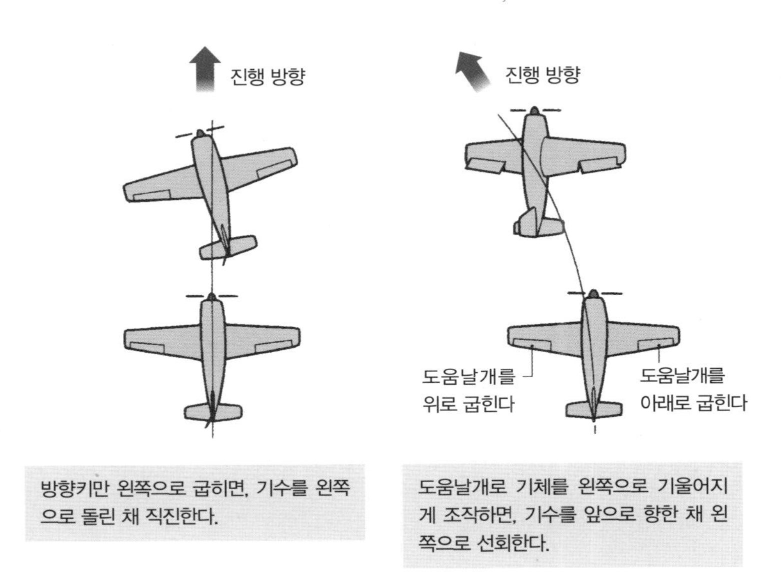

을 얻지 못해서 발생한다.

비행기의 방향키는 얼음 위를 달리는 자동차 핸들과 비슷하다. 진행 방향을 바꿀 정도의 큰 힘을 발생시키지 못하고, 오히려 원하는 방향의 반대로 기체를 움직이게 하는 힘을 발생시킨다. 이렇게 발생한 힘은 방향키 근처에 있는 작용점 때문에, 수직축을 중심으로 기수의 방향만 회전시킬 뿐이다.

그렇다면 비행기가 선회하려면 어떻게 해야 할까? 도움날개를 사용하면 된다. 도움날개로 기체를 기울이면 좌우 양력이 달라져 옆방향 성분의 큰 힘이 생긴다.(그림 3-9) 그 힘으로 비행기는 선회하는데, 이렇게 기우는 움직임을 '뱅크'bank라고 한다. 라이트 형제가 인류 최초의 동력 비행에 성공한 것도 선회하는 방법을 발명한 덕분이라고 말할 수 있다.

엄밀히 말하면, 방향키로 선회를 하는 일이 불가능한 것은 아니다. 기수를 왼쪽으로 돌리기 위해 방향키를 움직이면, 진행 방향의 오른쪽 날개에 부딪히는 공기의 속도는 진행 방향의 속도에 날개가 전진하는 속도를 더한 만큼 빨라지므로 양력이 커진다. 반대쪽인 왼쪽 날개는 날개가 후퇴하는 속도만큼 느려지므로 양력이 작아진다. 양쪽 날개에서 발생하는 양력의 차이로, 비행기는 왼쪽으로 기울어지고 진행 방향은 왼쪽으로 바뀐다. 하지만 도움날개를 사용한 선회와 비교하면, 효과가 미미해서 선회 반경이 훨씬 커진다는 단점이 있다.

언제라도 깨질 수 있는 비행기의 균형

— 이제 '안정'을 알아보자. 양력, 중력, 추력, 항력이 균형을 이루면 비행기는 일정한 자세로 난다. 하지만 비행 중에 기류 불안정 같은 이유로 균형이 깨지기도 한다.

힘의 균형이 깨진 비행기는 기수가 상하 또는 좌우로 기울어진다. 이때 조종사는 재빨리 조종간을 조작하여 기체를 원래 자세로 되돌려야 한다. 하지만 조종사가 황급히 조치를 취한다 해도 곧바로 원래대로 돌아가지는 않으므로, 탑승한 사람은 안정된 비행 자세로 돌아갈 때까지 불편함을 느낀다. 모형 비행기에는 조종사가 없어 균형을 잃으면 바로 추락할 수밖에 없다.

이런 문제를 해결하기 위해서는 힘의 균형이 깨졌을 때, 기체 스스로 원래 상태로 돌아가야 한다. 비행기가 스스로 균형을 회복하는 능력을 '고유 안정성'이라 한다. 피칭, 요잉, 롤링의 고유 안정성을 자세히 알아보자.

수평꼬리날개와
수직꼬리날개의 고유 안정성

— 그림 3-10(112쪽)처럼 동체와 비슷하게 생긴 판 뒤쪽에 날개를 붙이고, 무게중심을 축으로 자유롭게 회전할 수 있게 하자. 흔히 보는 풍향계와 달리 회전축이 수평으로 되어 있다. 여러 방향에서 바람이 불어오면, 날개의 작용으로 판의 앞쪽은 항상 바람이 불어오는 방향을 가리킨다. 이것은 주날개가 양력을 발생시키는 원리를 이용한 것이다.

날개를 수평으로 두고 아래쪽에서 비스듬하게 바람을 불어보자. 날개에 받음각이 있는 듯이 양력이 발생하고, 판은 앞으로 기운다. 그 결과, 받음각과 양력이 작아지다가 바람과 판 앞쪽의 방향이 일치하는 순간에 양력은 0이 되고 회전을 멈춘다.

만약 지나치게 강한 날개의 복원 작용으로 판의 끝이 반대쪽까지 회전해도 괜찮다. 지금 설명한 힘이 다시 반대로 작용해서 판의 끝은 저절로 바람이 불어오는 방향을 가리킨다.

그림 3-10 **수평꼬리날개는 피칭을 안정시킨다**

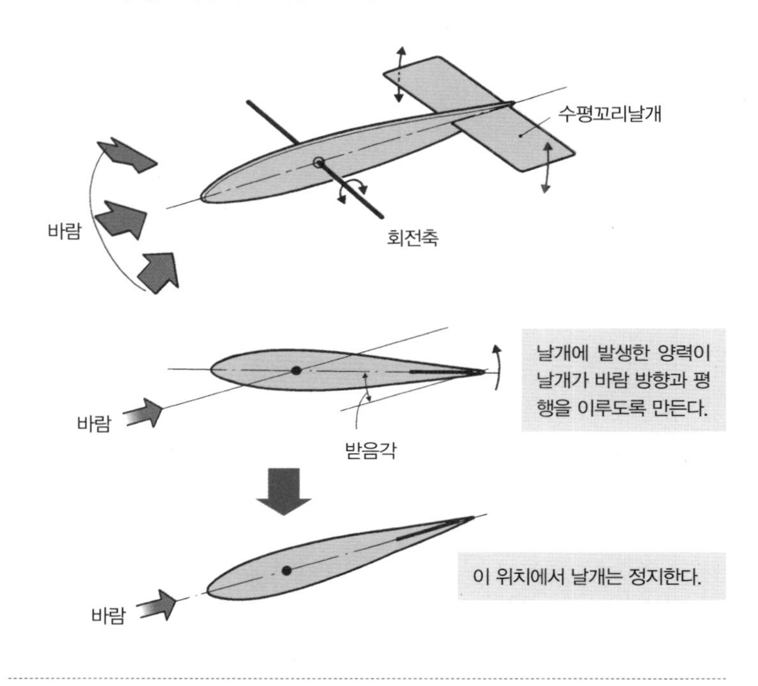

회전축 대신 주날개를 붙이면, 꼬리날개의 작용으로 주날개는 언제나 어떤 바람 방향에도 일정한 자세를 유지할 수 있다. 이런 작용을 하는 날개가 '수평꼬리날개'다.

91쪽에서 언급한 모형 비행기가 가로축을 중심으로 회전하며 추락한 것은 수평꼬리날개가 없었기 때문이다.

그림 3-11 **수직꼬리날개는 요잉을 안정시킨다**

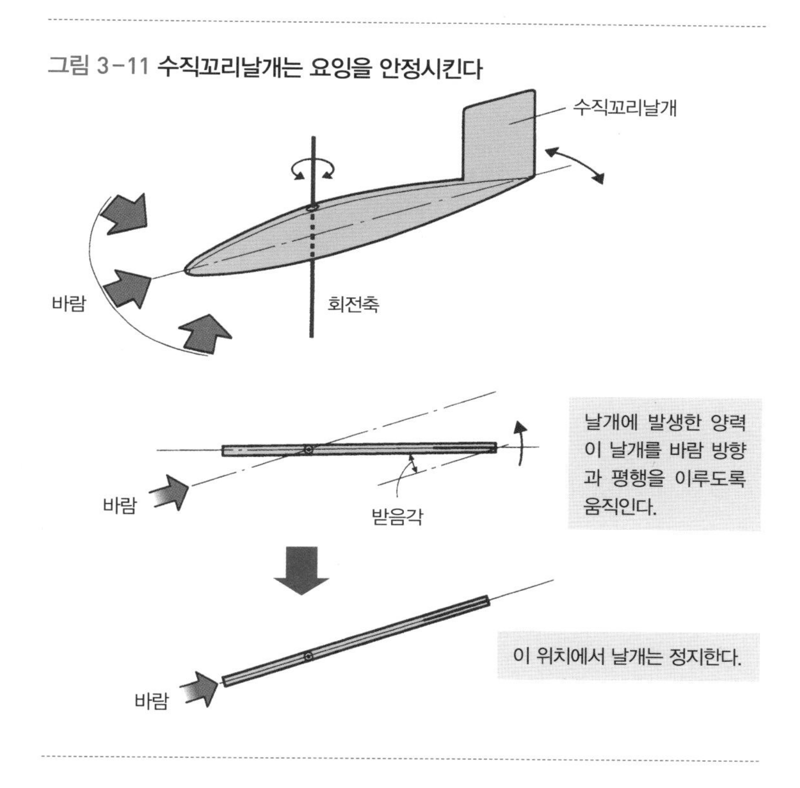

이번에는 회전축을 수직으로 세워 수직꼬리날개의 효과를 알아보자.(그림 3-11) 화살표 방향에서 바람이 불면 수직꼬리날개에 발생하는 양력 때문에 판의 앞쪽은 바람이 부는 방향을 가리킨다. 그렇게 기수 방향이 수정된다. 앞선 실험의 모형 비행기 B는 수직꼬리날개가 없어서 진행 방향이 안정되지 않았다.

상반각으로 얻는 롤링 안정

— 수평꼬리날개가 피칭의 안정을, 수직꼬리날개가 요잉의 안정을 유지한다는 사실을 설명했다. 이제 앞선 실험에서 사용한 모형 비행기 C의 비행 상태를 생각해보자. 모형 비행기 C는 수평꼬리날개와 수직꼬리날개를 모두 가지고 있는데도 안정적으로 비행하지 못했다. 처음에는 직진했지만, 서서히 오른쪽으로 기울어 옆으로 미끄러지듯 비행하다가 크게 기울어져서 빠른 속도로 추락해버렸다. 두 꼬리날개를 모두 갖추었는데 무엇이 문제였을까?

모형 비행기 C에는 상반각이 없었다. 이는 롤링 안정성이 없다는 말과 같다. 주날개에 있는 상반각이 롤링 안정을 유지하기 때문이다. 어떻게 상반각으로 롤링 안정을 얻을 수 있는 걸까? 그림 3-12를 보자. 기체를 앞에서 본 것이며, 주날개에 'Γ(감마)도'만큼 상반각이 있다.

그림 3-12 상반각은 롤링을 안정시킨다

A. 상반각 Γ도를 가지는 기체가 비행 속도 V로 진행하는 도중에 어떤 이유로 인해 기울면 그림처럼 한쪽으로 미끄러진다

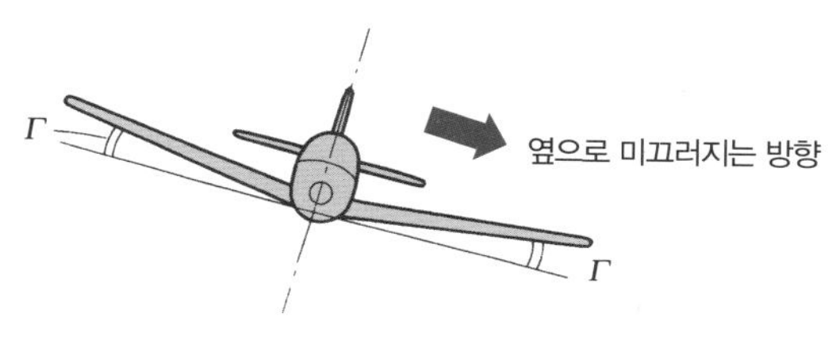

B. 옆으로 미끄러지면 주날개에는 옆으로 미끄러지는 속도와 같은 속도인 v로 옆바람이 부딪히고, 상반각 Γ도로 인해 날개 면에 수직인 속도 성분 $v \times \tan\Gamma$가 생긴다

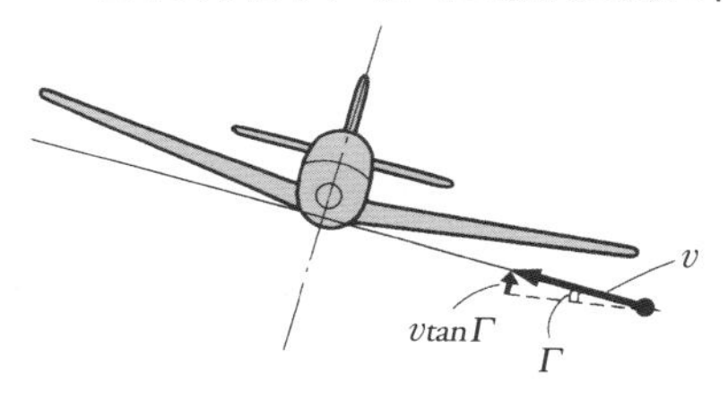

C. 이 상태를 옆에서 보면, 오른쪽 날개에는 원래 받음각인 α_0에 $\alpha = \frac{v\tan\Gamma}{V}$ 만큼 더해진 새로운 받음각이 생기고, 이로 인해 양력이 증가한다(왼쪽 날개의 양력은 반대로 감소)

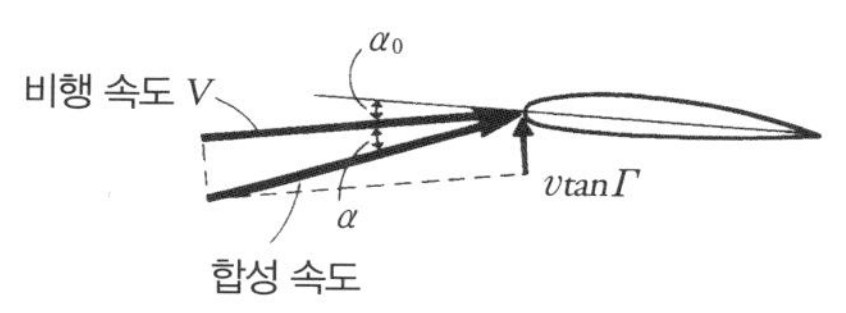

D. 이렇게 양쪽 날개 양력의 차이는 기울어진 기체를 원래대로 되돌리는 작용을 한다

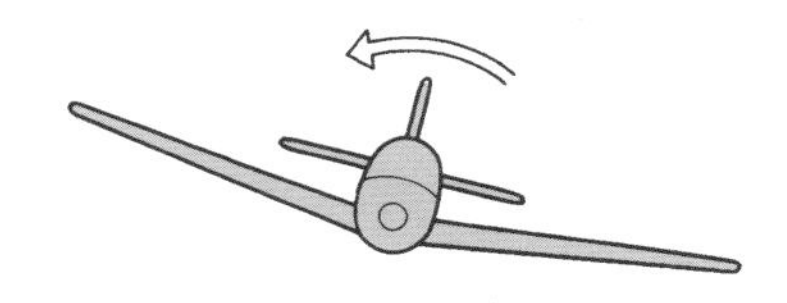

그림 3-13 **상반각 효과를 실험으로 확인한다**

A. 상반각이 없는 평평한 종이를 움직일 때

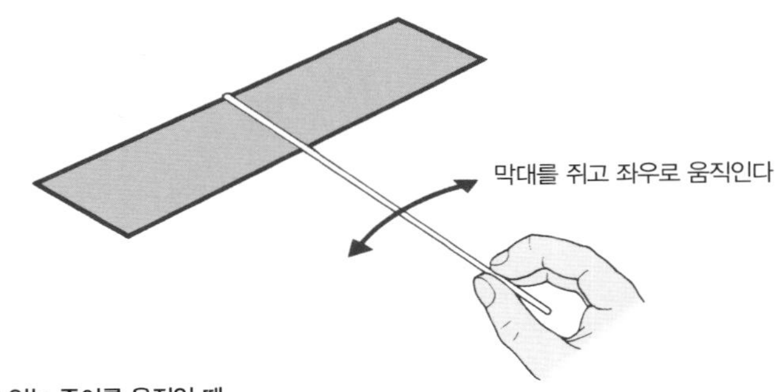

B. 상반각이 있는 종이를 움직일 때

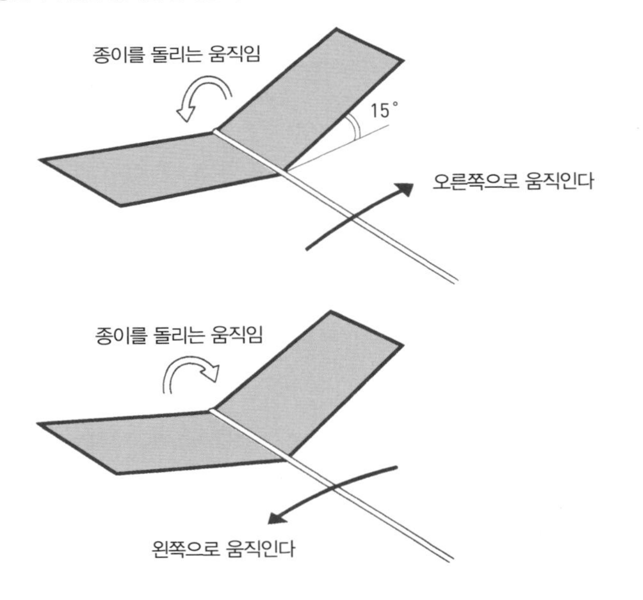

기체가 속도 V로 비행하는 중에 어떤 이유로 그림처럼 오른쪽으로 기운다면, 위로 발생하던 양력도 기체와 함께 기울어 '옆방향 성분'이 생긴다. 이 옆방향 성분 때문에 기체는 오른쪽으로 기울어서 주날개에 부딪히는 바람의 방향과 속도가 변하게 된다.

B에서처럼 옆으로 미끄러지는 속도를 v라고 하면, 상반각 Γ도를 가진 오른쪽 주날개에 속도 v의 옆바람이 부딪혀서 날개 면에 수직인 속도 성분 $v \times tan\Gamma$가 생긴다.

이때 주날개를 옆에서 보자. C처럼 비행 속도를 V라고 할 때, 오른쪽 주날개의 받음각은 원래 값인 α_0에서 α만큼 새로 더한 값이 된다. 그 결과, 오른쪽 주날개의 양력은 더욱 증가한다. 같은 이유로 왼쪽 주날개의 양력은 감소해서 D처럼 기울어진 기체를 원래 자세로 되돌리는 롤링 안정 효과가 발생한다.

상반각의 롤링 안정 효과를 간단한 실험으로 알아볼 수도 있다. 그림 3-13은 동체의 기능을 하는 막대 앞쪽에 직사각형 형태의 주날개를 붙이고 막대 뒤쪽 끝을 손으로 쥐고 좌우로 움직이는 실험이다.

그림 3-13의 A를 보자. 처음에는 주날개에 상반각이 없는 것처럼 종이 면이 수평인 상태에서 움직인다. 이때 막대를 쥔 손가락에는 별다른 힘이 느껴지지 않는다.

다음에는 이 종이에 약 15도 정도 상반각을 만들어 같은 실험

그림 3-14 **상반각을 만드는 방법**

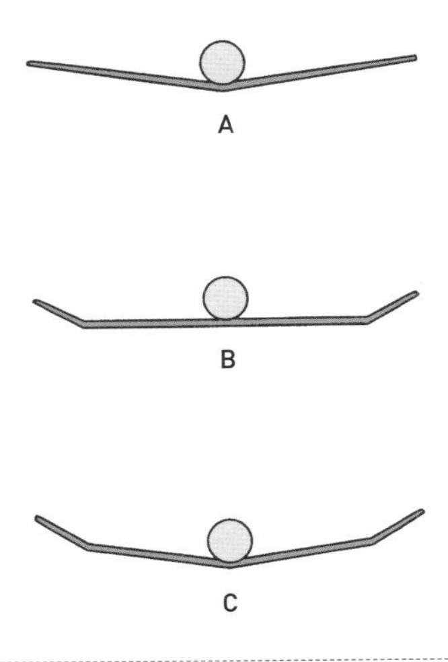

을 한다. B에서 보는 것처럼 오른쪽으로 움직이면 반시계 방향으로, 왼쪽으로 움직이면 시계 방향으로 막대가 회전하려는 힘을 느낄 수 있다. 상반각을 더 크게 하면 이 힘이 더 커지는 것을 느낄 수 있다. 이처럼 상반각은 기울어진 기체를 원래대로 되돌리는 작용을 하므로, 롤링 안정 효과를 만들어낸다는 사실을 알 수 있다.

그림 3-14는 상반각을 만드는 몇 가지 방법을 예로 보여준다. A에서 보는 것이 일반적인 상반각이지만, B와 같은 상반각을 만

들 수도 있다. 모형 비행기에서는 C처럼 2단으로 상반각을 만들기도 한다. 기체 중심에서 떨어진 곳에 큰 상반각을 만들면, 작은 면적으로도 지렛대의 원리로 인해 강한 복원 효과를 얻을 수 있기 때문이다.

주날개 위치에 따른 롤링 안정 효과

— 이번에는 주날개의 위치와 롤링 안정 사이에 어떤 관계가 있는지 알아보자. 주날개를 붙이는 방법에 따라 파라솔 날개, 높은 날개(고익), 어깨 날개(견익), 중간 날개(중익), 낮은 날개(저익) 등이 있다.(그림 3-15) 여기서 높은 날개와 낮은 날개를 비교해보자.

그림 3-16(122쪽)의 A에서 고익기가 오른쪽으로 기울면, 기체에 오른쪽으로 향하는 힘이 발생해 기체를 옆으로 미끄러지게 한다. 그러면 오른쪽 날개 아래의 공기는 미끄러지는 방향의 반대로 불어서 기체를 미는 작용을 한다. 기체가 벽처럼 공기 흐름을 방해하여 결과적으로 오른쪽 주날개 아랫면의 압력이 높아진다. 한편 왼쪽 주날개 아랫면은 기체에 가려져서 공기가 흘러 들어오지 않으므로 압력이 낮아진다.

이렇게 오른쪽 주날개의 양력은 증가하고 왼쪽 주날개의 양력

그림 3-15 주날개를 붙이는 위치와 명칭

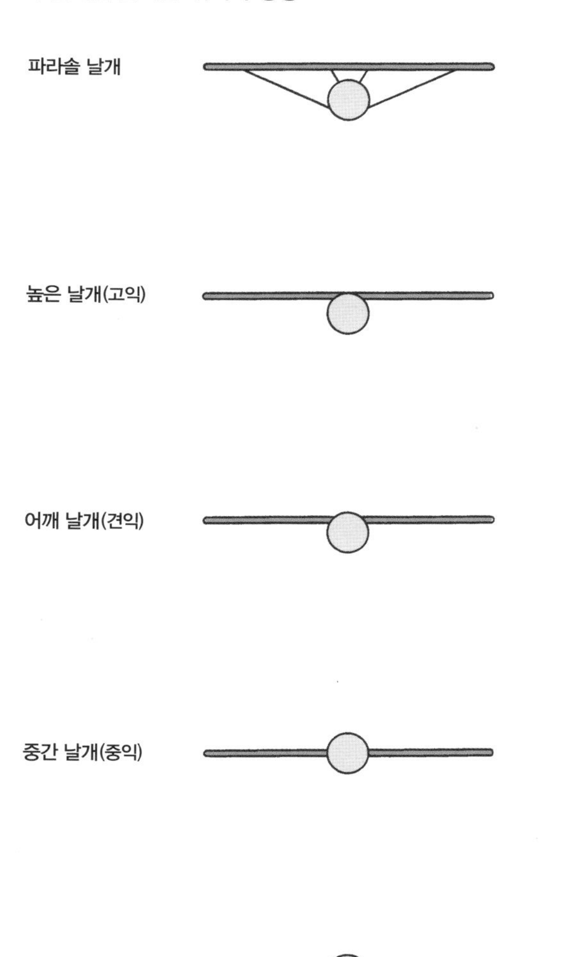

그림 3-16 **고익기와 저익기에서 롤링 안정성의 차이**

A. 고익기

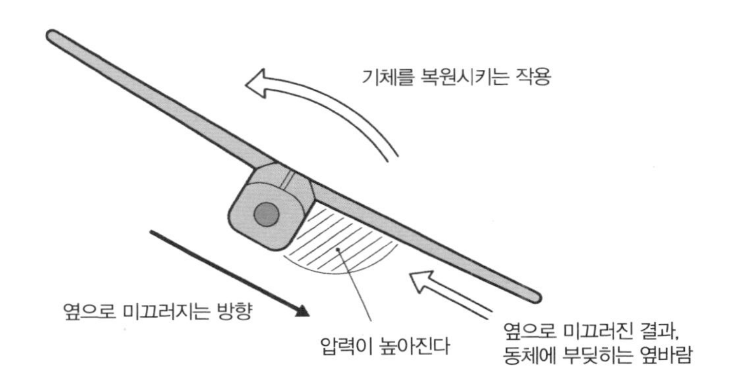

B. 저익기

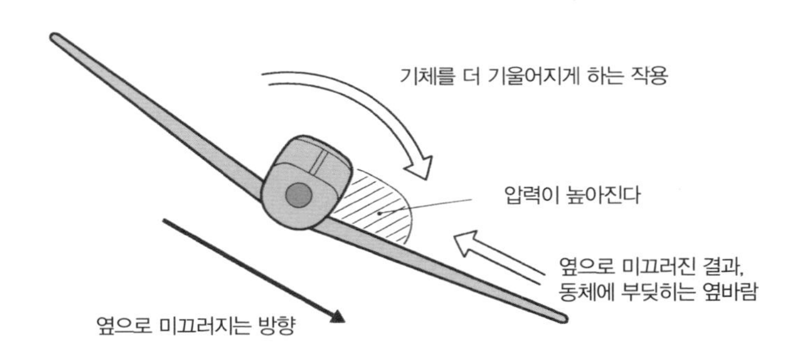

은 감소해, 기체가 안정된 자세로 되돌아간다.

저익기는 고익기와 반대로 B에서처럼 오른쪽에서 오는 공기 흐름이 동체에 막힌다. 오른쪽 주날개 윗면의 압력이 높아지고, 왼쪽 주날개 윗면의 압력이 낮아진다. 그래서 오른쪽 주날개의 양력은 감소하고, 왼쪽 주날개의 양력은 증가하여 기체를 더욱 기울어지게 만든다.

즉 고익기는 롤링에 안정성을 가지고 있지만, 저익기는 오히려 더 불안정해진다. 그래서 롤링에 고유 안정을 가지기 위해 고익기는 상반각을 작게 만들어도 되지만, 저익기는 상반각을 크게 만들어야 한다.

인간이 조종하는 비행기라면 도움날개를 사용하여 롤링에 안정을 유지할 수 있으므로 상반각을 작게 만들어도 되지만, 모형 비행기처럼 고유 안정에만 의존해야 한다면 상반각을 크게 만들어야 한다.

후퇴각에 존재하는 롤링 안정 효과

— 천음속이나 초음속으로 비행하는 제트기처럼 후퇴각이 있는 비행기의 롤링 안정을 생각해보자. 후퇴각은 음속에서 발생하는 충격파를 억제하는 효과뿐만 아니라, 롤링 안정 효과도 있다.

그림 3-17은 Λ(람다)도 만큼 후퇴각이 있는 주날개를 가진 기체가 속도 V로 비행할 때, 기체 중심선을 기준으로 오른쪽으로 기울어진 상황이다.

이때 기체는 옆으로 미끄러진다. 미끄러지는 속도를 v라 하면, 오른쪽 날개에는 진행 속도 V와 미끄러지는 속도 v가 합성되어 B와 같이 마치 β(베타) 방향에서 합성 속도 V_1으로 공기가 불어오는 것 같은 효과가 나타난다. 그 결과, C처럼 오른쪽 주날개에는 기준이 되는 익형에 비해 공기 속도가 빨라진 듯한 효과가 일어나고 양력이 증가한다. 한편 왼쪽 주날개에는 기준이 되는 익형

그림 3-17 후퇴익의 롤링 안정 효과

A. 후퇴각 Λ를 가진 비행기가 속도 V로 진행 중에 오른쪽으로 롤링하면 속도 v로 옆으로 미끄러진다

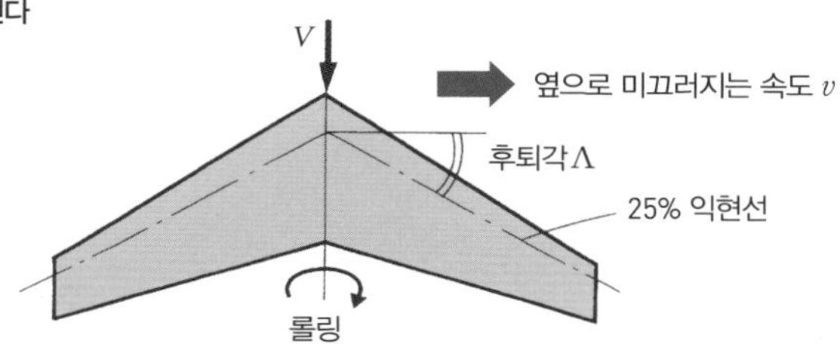

B. 주날개에 부딪히는 바람의 속도는 비행기 진행 속도 V와 옆으로 미끄러지는 속도 v의 합성 속도 V_1이 되고, β 방향에서 불어오는 것처럼 된다

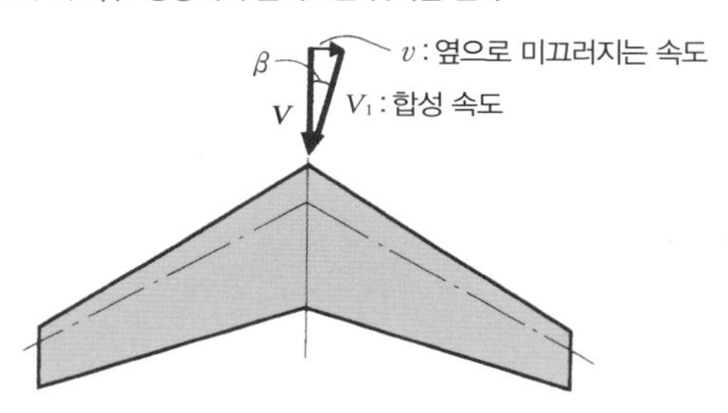

C. 후퇴각 Λ 때문에 좌우 날개에 대한 기류의 상대 속도가 달라진다

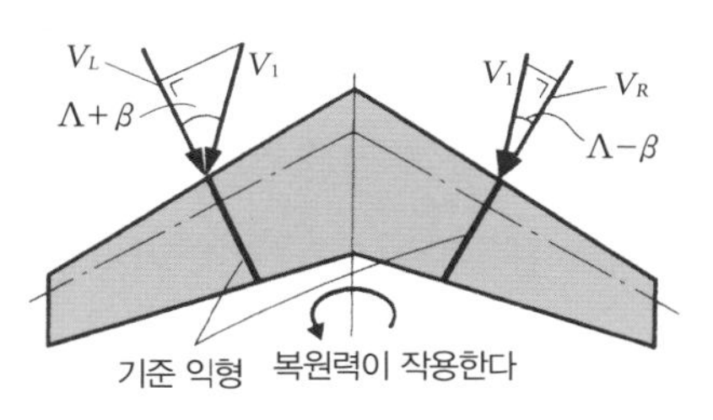

오른쪽 날개 기준 익형에 부는 공기 속도
$V_R = V_1\cos(\Lambda - \beta)$

왼쪽 날개 기준 익형에 부는 공기 속도
$V_L = V_1\cos(\Lambda + \beta)$
$\therefore V_R > V_L$

D. 오른쪽 날개 양력이 왼쪽 날개 양력보다 커져서, 기울어진 기체를 원래대로 되돌리는 작용을 한다

그림 3-18 주날개에 하반각이 있는 제트기

미쓰비시 T-2
자료: 미국 연방정부, Wikipedia Commons

에 대해 공기 속도가 느려진 것과 같은 작용이 일어나고 양력이 감소한다. 양쪽 주날개에 동시에 작용이 가해져 기울어진 기체를 원래대로 되돌리는 것이다. 그러므로 후퇴각이 있다면, 상반각이 작더라도 롤링 안정 효과를 가질 수 있다.

그림 3-18에 있는 제트 전투기를 보면, 상반각이 아닌 하반각이 있다. 하반각을 가진 주날개는 롤링 안정을 유지하기 힘들다. 이렇게 일부러 롤링 안정을 유지하기 어려운 기체를 만드는 이유는 무엇일까?

여기서 다시 한번 안정이란 무엇인지 정리해보자. 비행기가 기류 불안정 같은 예상하지 못한 이유로 비행 자세를 유지하기 힘들어졌을 때, 기체 스스로 원래대로 돌아가는 작용을 고유 안정성이라고 한다. 롤링 안정을 위해서는 상반각과 후퇴각이 그 역할을 한다.

하지만 군용기, 특히 전투기는 기관총 탄환과 미사일을 피하고자 선회와 옆돌기roll(옆으로 회전)를 자주 반복한다. 이런 상황에서 기체의 고유 안정성이 크면, 공격을 피할 목적으로 급선회하려고 도움날개를 조작해도 안정성이 작용한다. 조종사가 기대한 만큼 선회하지 못하면 최악의 경우에는 격추될 수도 있다. 주날개에 후퇴각이 있기만 해도 어느 정도 롤링에 대한 고유 안정성을 가지므로, 전투기는 일부러 하반각을 만들어 안정성을 상쇄하고 선회와 옆돌기 같은 움직임을 살린다.

더치롤이 발생하는 이유

— 피칭, 요잉, 롤링이 발생하는 각각의 상황을 설명했다. 그런데 실제로는 두 개 이상이 함께 발생하기도 한다. 이런 상황의 대표적인 사례인 '더치롤'dutch roll을 알아보자.

비행기에 롤링과 요잉이 함께 일어나는 현상을 '더치롤'이라 부른다. 네덜란드 사람이 스케이트를 탈 때의 몸동작과 비슷해서 붙여진 이름이며, 그림 3-19에서 그 움직임을 볼 수 있다.

후퇴각이 있는 주날개에는 롤링 안정 효과가 발생한다. 받음각이 큰 저속 비행 시에는 더욱 효과가 있다. 하지만 저속 비행을 할 때는 비행기 기수가 들어 올려져 동체가 수직꼬리날개를 가린다. 요잉 안정을 유지하는 기능을 하는 수직꼬리날개에 부딪히는 공기량이 감소하면, 그 효과가 충분히 발휘되지 못한다.

이처럼 후퇴각의 롤링 안정 효과가 지나치게 크면, 오히려 기체가 반대로 롤링한다. 기체는 좌우로 미끄러지는 움직임을 반

그림 3-19 **더치롤 비행 경로**

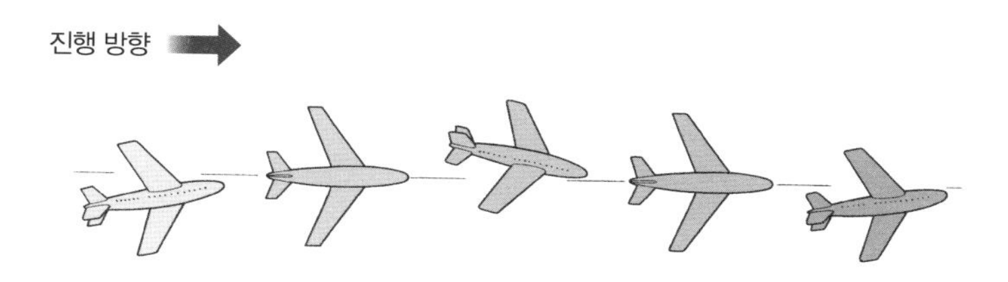

복하게 되고, 수직꼬리날개도 요잉을 충분히 제어하지 못한다. 이것이 더치롤이다.

더치롤이 발생하는 원인에서 알 수 있듯이 정상적인 비행 상태에서도 더치롤이 발생한다. 여객기는 승객이 불쾌한 기분이 들지 않도록 자동으로 더치롤을 감지해서 컴퓨터로 키를 조작하여 제어하므로, 승객이 더치롤을 느끼지는 않는다.

모형 비행기에도 더치롤을 발생시킬 수 있다. 상반각을 크게 해서 좌우로 약간씩 롤링하며 직진 활공하도록 조정한 비행기의 경우, 수직꼬리날개를 조금씩 잘라내면 더치롤 특유의 '엉덩이 흔들기' 현상이 분명하게 나타난다.

안정적으로 모형 비행기 날리기

— 안정적으로 날지 못하는 모형 비행기를 조정하면 잘 날게 될까? 어떤 모형 비행기를 날린다고 가정해 보자. 그리고 날아오른 비행기의 세 가지 방향과 축의 움직임을 떠올려보자. 무게중심 근처를 쥐고, 기수를 약간 아래로 내려 팔 전체를 이용해 밀어내듯 날린다. 모형 비행기는 똑바로 날다가 점점 기수가 올라가는 와중에 갑자기 확 내려갈 것이다. 그래도 빠른 속도 덕분에 떨어지지 않고 다시 위로 향해, 마치 파도치듯 비행하다 오른쪽으로 틀어진다.

잘 올라가던 기수가 갑자기 내려가는 피칭이 왜 갑자기 발생했을까? 기체가 상승하던 중에 받음각이 너무 커져 실속하면서 주날개의 양력이 갑자기 작아졌기 때문이다.

그렇다면 이 모형 비행기는 어떻게 조정해야 안정적으로 날 수 있을까? 기수가 올라가지 않도록 수평꼬리날개 부분을 약간 아래로 구부리자. 양쪽을 모두 굽혀야 한다. 이는 승강키를 아래로 구부리는 것과 같다. 오른쪽으로 방향을 트는 것을 고치기 위해, 오른쪽 도움날개 부분도 약간 아래로 굽히면 멋지게 활공할 것이다. 비행 속도를 조금 더 늦추고 싶다면, 양쪽 주날개 캠버를 늘리고 수평꼬리날개에서 승강키 부분을 약간 아래로 구부린다. 실제 비행기의 플랩을 내리는 것과 같다. 균형과 안정을 고려해 조정한다면, 어떤 모형 비행기도 잘 날도록 만들 수 있다.

Chapter 4

비행기는 어떻게 조종하는가

비행기의 조종법

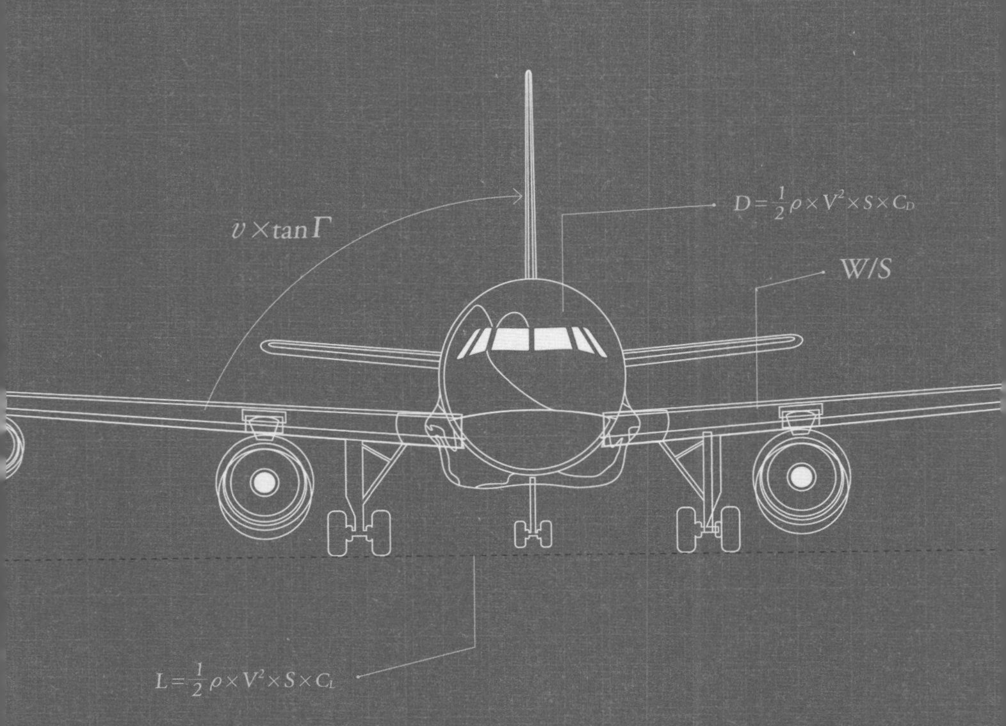

비행기 조종실을 직접 본 적이 있는가? 비행기를 탈 때, 탑승교를 지나면서 얼핏 본 기억이 있을 것이다. 보통은 조종실이라고 하면 여러 가지 계기로 가득한 모습을 상상한다.

그렇다면 여러 가지 계기가 없는 모형 비행기는 조종이 불가능할까? 계기가 없는 모형 비행기도 조종이 가능하다. 물론 비행 중에는 불가능하지만, 비행 전에 모형 비행기의 날개 여기저기를 만지면 모형 비행기도 마음먹은 대로 날릴 수 있다. 모형 비행기의 날개를 조정하는 일은, 조종사가 키를 움직이거나 엔진 출력을 조종하는 일과 같기 때문이다. 직접 모형 비행기의 날개를 조정해보면, 비행기가 나는 원리를 이해하는 데 큰 도움이 된다.

조종사가 활용하는 비행기 조종과 조정

— 조종이란 어떤 일일까? 비행기를 조종하는 일은 크게 두 가지로 나눌 수 있다. 첫 번째는 상승, 방향 전환, 하강 등 조종사가 생각한 대로 비행 상태를 제어하는 것이다. 두 번째는 비행 자세가 불안정해졌을 때, 원래대로 되돌리는 것이다.

여객기는 승객과 화물을 실어 나르는 비행을 한다. 따라서 비행 상태는 그림 4-1처럼 이륙, 상승, 순항(수평 비행), 하강(진입), 착륙을 기본으로 하고, 도중에 방향 전환, 가속, 감속을 하기도 한다. 전투기와 곡예비행기는 급상승, 급강하, 급선회, 옆돌기까지 극한적으로 조종하는 상황도 많다.

이번 장에서는 비행기가 나는 기본 원리를 이해하는 것이 목적이다. 이륙부터 착륙까지 각 비행 상태에서 여객기를 조종하는 법을 소개한다.

그림 4-1 여객기의 비행 경로

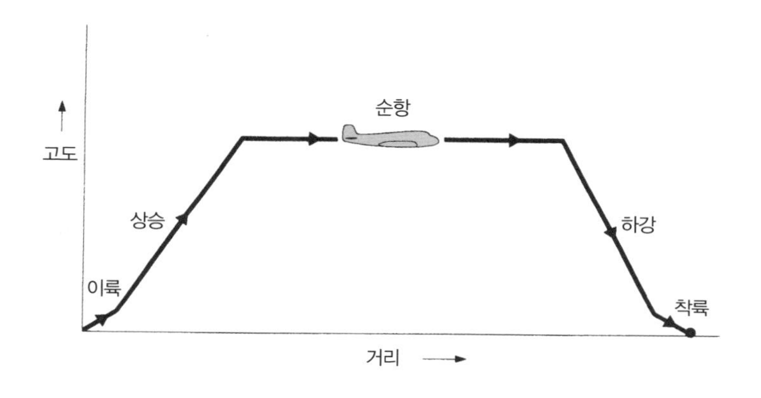

먼저, 조종석에 앉았다고 가정해보자.(137쪽 그림 4-2) 레버, 스위치, 여러 계기류를 볼 수 있을 것이다. 비행기가 날기 위해 필요한 최소한의 요소는 다음과 같다.

조종 장치

1. 조종간 : 승강키와 도움날개를 움직인다.
2. 페달 foot bar : 방향키를 움직인다.
3. 엔진 스로틀 : 엔진 출력과 회전 속도를 제어한다.

계기류

1. 비행에 필요한 계기 : 속도계, 고도계, 승강계, 수평의, 선회경사계로 비행 상태와 기체의 자세를 확인한다.
2. 엔진과 관련한 계기 : 회전수와 연료 소비 상태를 확인한다.
3. 항법상 필요한 계기 : 비행기가 날고 있는 위치와 방위를 확인한다.

이제 조종간을 움직여보자. 그림 4-3(138쪽)을 보면 움직임을 이해하기 쉽다. 조종간을 앞뒤로 움직이면 승강키에 움직임이 전달된다. 조종간을 조종사의 몸 쪽으로 당기면, 승강키가 올라가서 기수를 올린다. 앞으로 밀면, 승강키가 내려가서 기수를 내린다. 조종간을 밀고 당기는 정도가 클수록 승강키가 내려가고 올라가는 각도도 커진다.

조종간을 좌우로 기울이면, 도움날개에 움직임이 전달된다. 조종간을 왼쪽으로 기울이면, 왼쪽 도움날개는 올라가고 오른쪽 도움날개는 내려가서 비행기를 왼쪽으로 기울일 수 있다. 반대로 조종간을 오른쪽으로 기울이면, 왼쪽 도움날개는 내려가고 오른쪽 도움날개는 올라가서 비행기를 오른쪽으로 기울일 수 있다. 조종간을 빨리 움직일수록 비행기는 빠르게 기울어진다. 조종간을 한 방향으로 고정하면 비행기는 일정한 속도로 계속 기

그림 4-2 비행기 조종석 내부

울어진다.

발로 조작하는 페달은 방향키와 연결되어 있다.(139쪽 그림 4-4) 왼쪽 페달을 밟으면 방향키가 왼쪽으로 굽어져서 기수를 왼쪽으로 돌린다. 오른쪽 페달을 밟으면 방향키는 오른쪽으로 굽고, 기수도 오른쪽으로 돌아간다. 페달을 밟는 정도와 기수가 돌아가는 정도는 비례하며, 페달을 원래대로 되돌리면 기수도 원래 위치로 돌아간다.

그림 4-3 조종간의 역할

A. 조종간을 당긴다 → 승강키가 올라간다

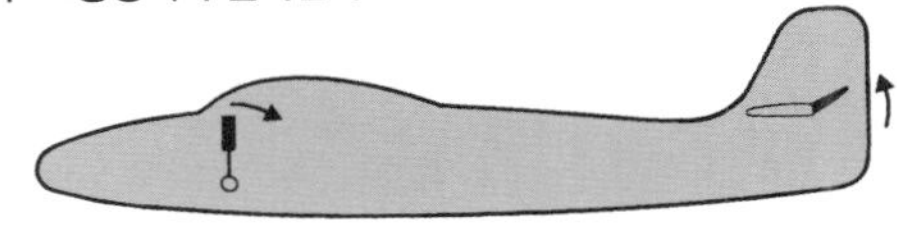

B. 조종간을 민다 → 승강키가 내려간다

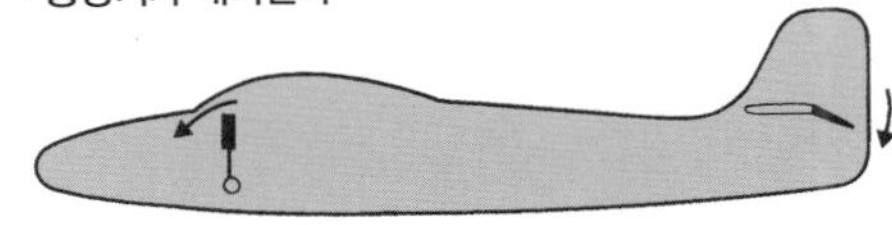

C. 조종간을 진행 방향 왼쪽으로 기울인다
→ 왼쪽 도움날개는 올라가고, 오른쪽 도움날개는 내려간다

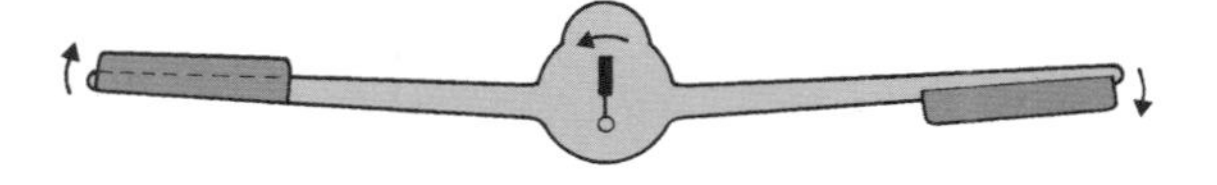

D. 조종간을 진행 방향 오른쪽으로 기울인다
→ 왼쪽 도움날개는 내려가고, 오른쪽 도움날개는 올라간다

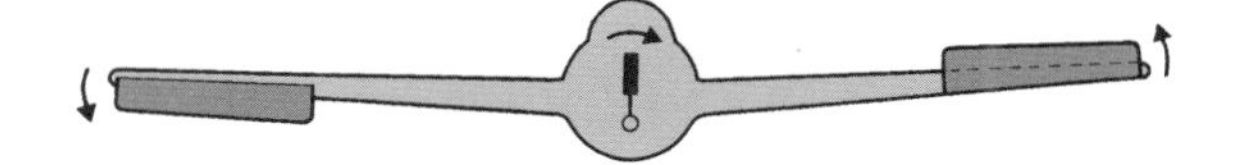

그림 4-4 페달의 역할

A. 왼쪽 페달을 밟는다
→ 방향키는 왼쪽으로 굽어진다

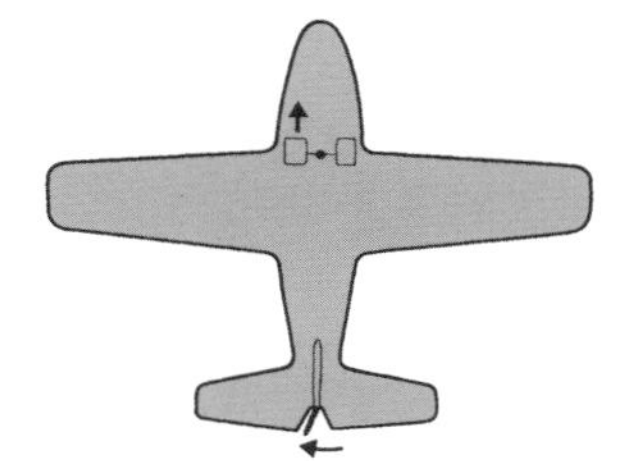

B. 오른쪽 페달을 밟는다
→ 방향키는 오른쪽으로 굽어진다

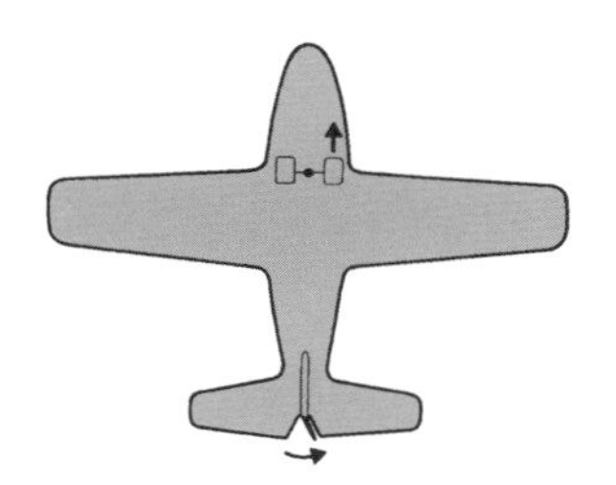

엔진 스로틀은 자동차의 액셀러레이터와 비슷한 역할을 한다. 일반적으로 기장이 왼손으로 조작할 수 있는 곳에 있다. 레버를 움직여서 엔진에 공급하는 연료와 공기량을 조절하여 출력(마력과 추력)을 제어한다.

플랩을 움직이는 레버도 있다. 앞에서 설명한 바와 같이 플랩은 일시적으로 양력을 높이는 장치다. 특히 이착륙 시에 비행 속도가 느려도 비행기를 떠 있도록 한다.

비행기가 이륙하는 방법

— 이륙할 때의 조종법을 알아보자.(그림 4-5) 이륙할 때는 가능한 한 짧은 활주 거리로 이륙에 필요한 속도에 도달하는 것이 중요하다. 이를 위해 최대 엔진 출력을 사용한다. 이를 '이륙 출력'이라 하며, 엔진 내구성을 보호하기 위해 이륙 시 지속 시간이 제한되어 있다.

이륙에 필요한 최대 속도란, 지상을 활주하는 동안 양력이 중력을 이겨내기 위한 속도다. 즉 플랩을 내린 상태로 얻을 수 있는 최대 양력 계수에서의 비행 속도(실속 속도)와 같다. 실제 비행에서는 일반적으로 안전을 고려해 실속 속도의 1.2배 정도로 가속한 후 조종간을 당긴다.

조종간을 당기면, 승강키가 올라가고 기수가 오르며 앞바퀴가 지면에서 떨어진다. 주날개의 받음각이 커질수록 양력이 증가하고, 양력이 기체 무게를 이겨내는 순간에 뒷바퀴까지 완전히 떠

그림 4-5 이륙 조종 방법

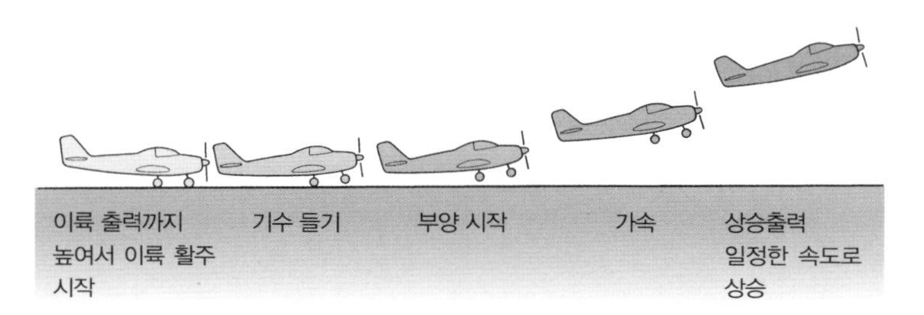

오른다.

이렇게 지면에서 받는 마찰 저항은 사라진다. 접어 올리는 착륙 장치를 가진 비행기라면 공기 저항을 더욱 줄일 수 있어 계속 상승한다.

이륙할 때 비행기에 맞바람이 불면 보다 짧은 활주 거리로도 이륙이 가능하다. 양력은 '대지 속도'가 아닌 '대기 속도'(비행기 주위의 대기와 기체의 상대 속도)에 의해 발생한다. 바람이 없을 때 시속 130km로 이륙하는 비행기가 초속 5m(시속 18km)인 맞바람을 받으며 활주한다면, 이 비행기는 두 속도의 차인 시속 112km만으로도 이륙할 수 있다.

비행기의 상승 조작

— 비행기를 상승시키고 싶으면 승강키를 올린다.(그림 4-6) 승강키가 올라가면 기수가 올라가고, 주날개의 받음각이 커져서 양력이 증가한다.

한편 받음각이 증가하면 항력도 커지므로 비행 속도는 감소한다. 하지만 조종간을 당기면서 엔진 스로틀을 밀어 올리면, 엔진 출력이 상승해 추력이 높아져서 다시 속도를 높일 수 있다.

만약 엔진 추력에 여유가 있다면, 항력이 커져도 속도를 유지할 수 있다. 받음각을 더 크게 만들어서 큰 양력을 발생시키면 빠른 속도로 상승한다.

기수를 거의 수직에 가깝게 세워서 급상승할 수 있는 제트 전투기도 있다. 이런 전투기는 매우 높은 출력을 가진 엔진을 장착하고 있다. 기수를 들어 올리면 주날개의 양력뿐만 아니라, 엔진 추력의 일부를 기체를 상승시키는 데 사용할 수 있다.(그림 4-7)

그림 4-6 **상승 조작**

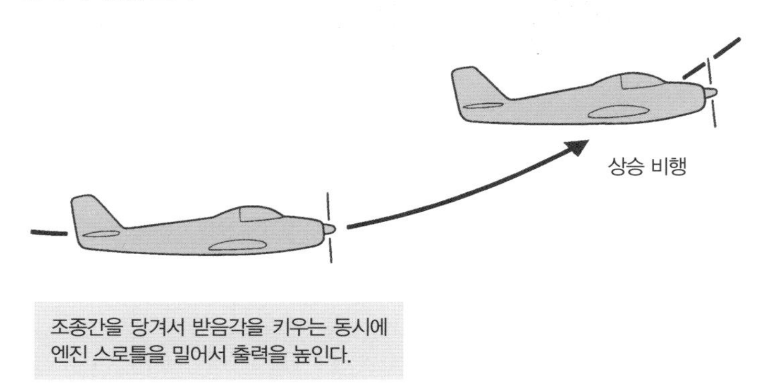

그림 4-7 **큰 추력을 이용해서 급상승하는 제트 전투기**

자료 : DVIDSHUB, F-16 Aerial Refueling

비행기의 수평 비행 조작

— 상승에서 수평 비행으로 자세를 바꾸려면 승강키를 내린다.(그림 4-8) 승강키가 내려가면 기수도 내려가고, 받음각이 작아져서 비행기는 수평으로 돌아가려 한다. 하지만 항력도 감소해서 비행 속도가 빨라지므로 조종간을 미는 동시에 엔진 스로틀을 당겨서 엔진 출력을 수평 비행에 필요한 정도로 줄인다. 그리고 수평 비행을 계속하는 데 필요한 위치까지 승강키를 돌린다.

같은 속도와 자세로 수평 비행하면, 비행기는 연료를 소비하므로 점점 가벼워진다. 이로 인해 장시간 비행을 하다 보면, 양력이 중력보다 커지므로 어느 순간 비행기는 상승한다.

작은 자가용 비행기라면 조종사가 조작을 해서 수평 비행을 한다. 연료 감소에 맞춰 조종간을 조금씩 앞으로 밀어서 받음각을 줄이고, 동시에 엔진 출력도 줄여서 속도를 일정하게 유지한

그림 4-8 **상승에서 수평 비행으로 전환하는 조작**

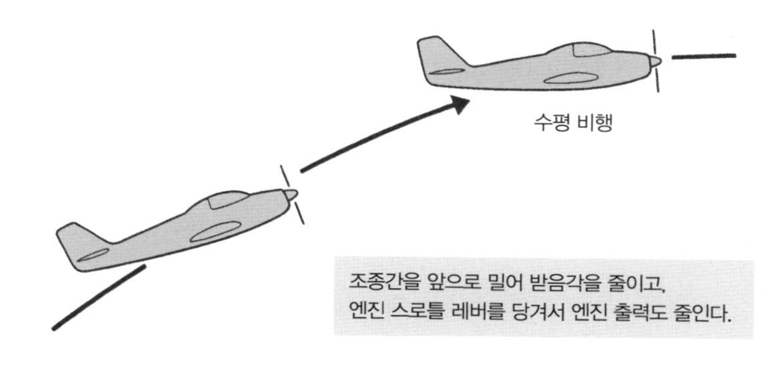

다. 하지만 장거리 여객기라면 기체 중량의 절반 이상을 연료가 차지해서 연료 소비에 따른 중량 변화가 크다. 이때에는 자동으로 조종하는 장치에 비행 속도와 고도를 지정해 컴퓨터가 자동으로 균형을 잡아서 수평 비행을 유지한다.

한편 수평 비행을 하면서도 비행 속도는 변화할 수 있다. 승강키를 올려서 주날개 받음각을 크게 만들면서 동시에 엔진 출력을 낮추면 저속으로 수평 비행을 할 수 있다. 반대로 승강키를 조금씩 내려서 받음각을 줄이면서 엔진 출력을 최대로 하면, 최고 속도로 수평 비행할 수 있다.

세 가지 키를 사용하는 선회 비행

— 이제 선회 비행을 알아보자. 선회 비행은 선회 시 비행기가 기울어지는 정도(뱅크각)에 따라 45도 이하를 '완선회' 또는 '보통 선회', 45도 이상을 '급선회'라고 부른다. 60도 이상은 '수직 선회'라 부르며 곡예비행에서 볼 수 있다.

앞에서 소개한 상승과 수평 비행에 필요한 키는 승강키뿐이었지만, 선회하려면 도움날개뿐만 아니라 방향키와 승강키까지 조작해야 한다. 선회에 필요한 옆방향 힘은 도움날개를 조작하여 발생시킨다. 그림 4-9는 비행하는 기체의 뒷모습을 보여준다. 이 비행기를 진행 방향 왼쪽으로 선회시켜보자. 오른쪽 도움날개를 내리고, 왼쪽 도움날개를 올려서 비행기를 왼쪽으로 기울인다.

이 상태에서 조종간을 원래대로 되돌리면 비행기는 기울어진 정도를 유지하려 하고, 그 결과 양력 방향이 그림 4-9의 B에 양

그림 4-9 **선회 비행 조작**

A. 수평 비행 상태

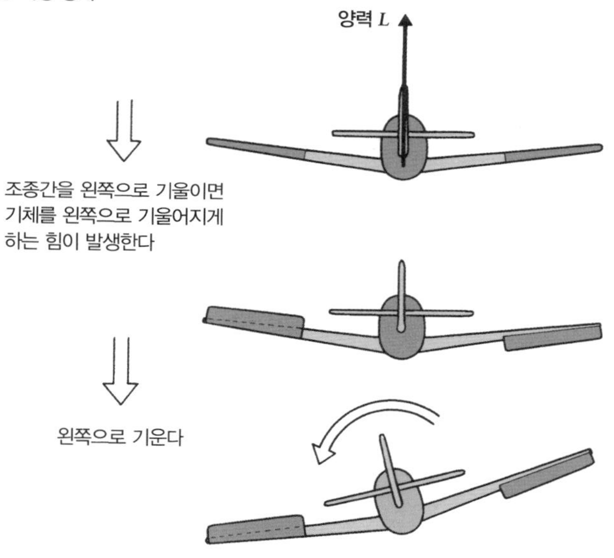

B. 조종간을 원래대로 되돌리면, 기체는 뱅크각을 유지하려 한다

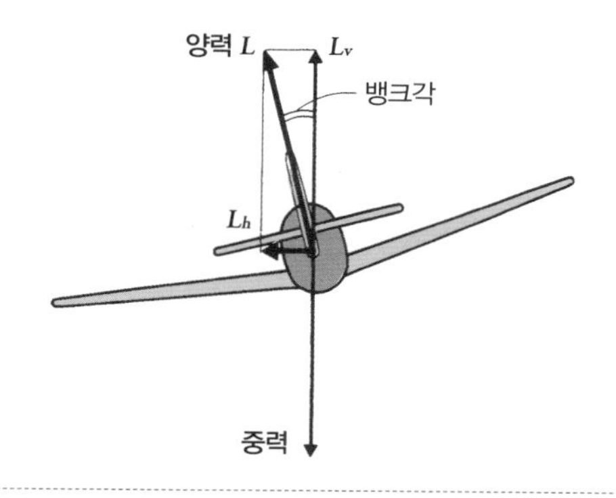

력 L처럼 기울어져서 중력과 반대 방향 성분인 L_v 말고도 비행기 옆방향으로 작용하는 성분 L_h가 발생한다. 앞에서 설명한 대로 L_h가 비행기를 왼쪽으로 선회하게 만드는 힘이다.

이번에는 이 비행기를 위에서 내려다보자. 그림 4-10의 A에서는 기수가 선회하기 전의 직진 방향을 유지하며 비행기 전체가 왼쪽으로 진행하므로, 탑승한 사람은 선회하는 원 안쪽으로 미끄러지는 것 같은 불편함을 느끼게 된다.

그래서 B에서처럼 도움날개 조작과 동시에 방향키를 왼쪽으로 굽혀서 비행기를 왼쪽으로 기울이면, 기수도 왼쪽으로 방향을 바꾸어서 불편하게 미끄러지는 기분이 들지 않는다.

이것만으로 수평 선회를 하기에는 아직 충분하지 않다. 다시 그림 4-9를 보면, 수평 비행 상태에서 기울어져도 비행기의 받음각은 그대로다. 따라서 기울어진 상태의 양력(엄밀히 말하면 중력과 반대 방향인 성분 L_v)은 수평 비행 상태의 양력 L보다 작아졌으므로 비행기는 선회하면서 하강한다.

그러므로 선회하면서 고도를 일정하게 유지하려면, 조종간을 왼쪽으로 기울이면서 약간 당긴다. 이러면 받음각이 커지고 양력이 증가한다. 이때 증가한 항력 때문에 비행 속도가 느려지므로 엔진 출력도 높여야 한다.

일정한 고도에서 선회할 때의 뱅크각과 필요한 양력 L의 관계

그림 4-10 선회 비행 시 기체의 방향

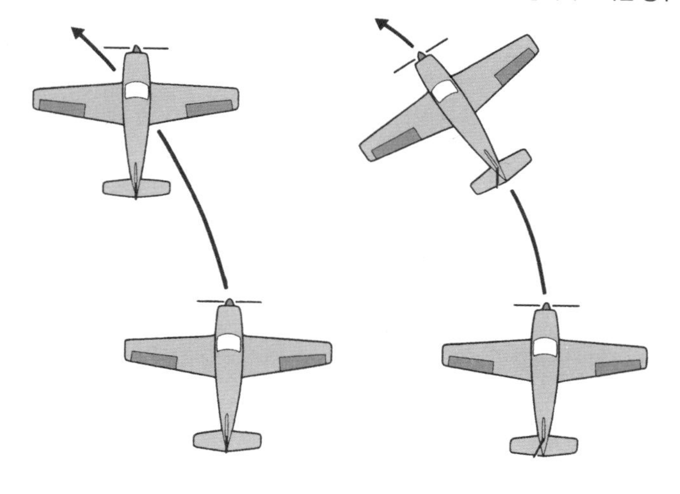

를 조사해보면, 뱅크각 30도에서의 양력은 수평 비행 시보다 약 1.2배, 45도에서는 약 1.4배, 60도에서는 2배나 필요하다. 그만큼 주날개 받음각을 크게 만들어야 하므로, 당연히 실속 속도에 가까워진다. 따라서 급선회할 때는 실속할 수 있으니 특히 신경 써야 한다.

역요와 나선 강하

— 앞에서 선회 비행의 기본을 설명했지만, 실제 선회 조작을 할 때는 '역요'adverse yaw(역 빗놀이)와 '나선 강하'spiral dive에 대처할 줄 알아야 한다.

역요는 도움날개 조작 때문에 발생하는 '역방향 요잉'이다. 예를 들어 왼쪽으로 선회할 때는 오른쪽 도움날개를 내리고 왼쪽 도움날개를 올린다. 오른쪽 날개의 양력이 증가하고 왼쪽 날개 양력은 감소하지만, 양력 변화와 함께 좌우 날개에 발생하는 항력도 변화한다. 즉 양력이 커진 오른쪽 날개는 항력도 커지지만, 반대로 왼쪽 날개의 항력은 작아진다.

그 결과, 그림 4-11같이 기수를 선회하는 원 바깥으로 돌리려는 힘이 작용하는데, 이것이 '역방향 요잉', 즉 '역요'다. 그래서 도움날개와 방향키를 동시에 조작할 때는 역요를 없앨 정도로 왼쪽 페달을 더 밟아야 한다.

그림 4-11 **역요가 발생하는 원리와 대책**

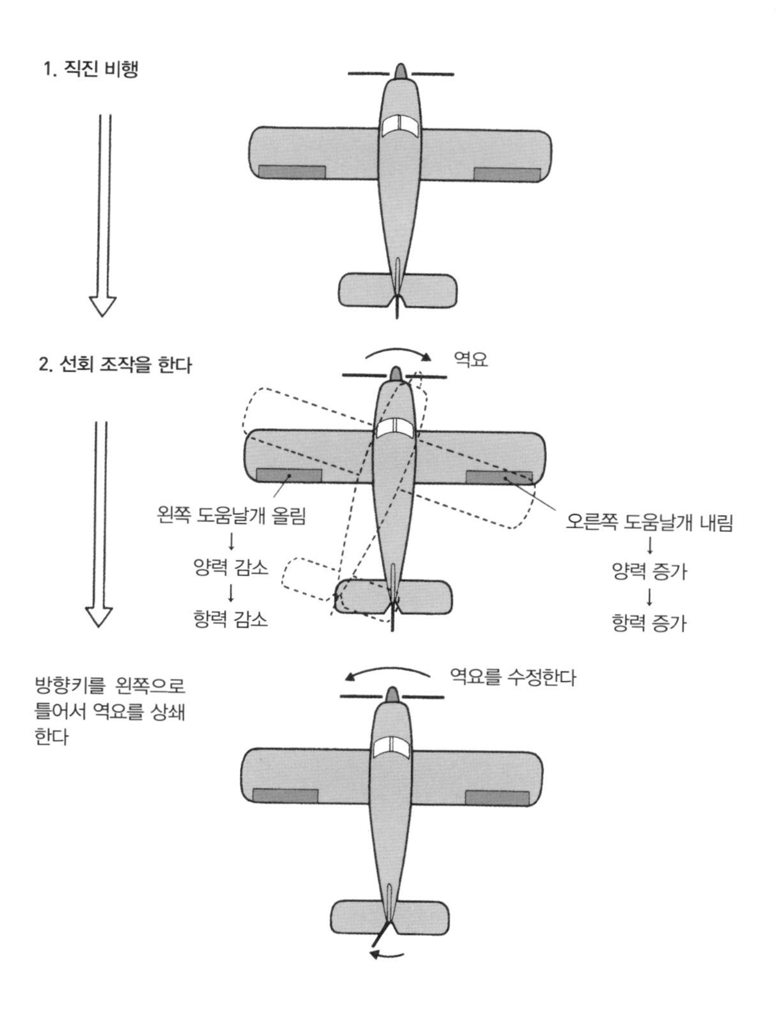

그림 4-12 나선 강하와 도움날개

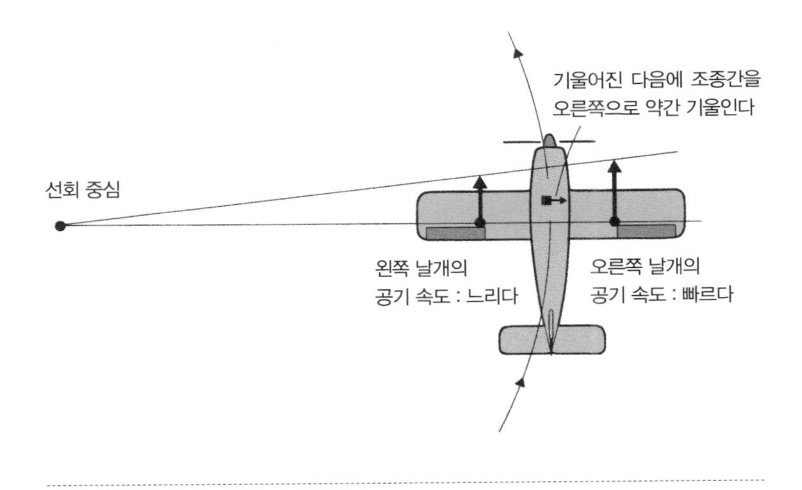

다음으로 나선 강하에 대처하는 방법을 소개한다. 비행기를 기울여 원하는 만큼 뱅크각을 얻은 후에, 조종간을 원래대로 되돌려서 동일한 뱅크각을 유지하면 된다고 생각할 수도 있다. 하지만 이것은 올바른 방법이 아니다.

그림 4-12는 왼쪽으로 선회하려는 비행기를 위에서 본 그림이다. 선회 중심에서 좌우의 주날개까지 거리를 비교해보면, 비행기 속도가 일정해도 선회 안쪽에 있는 왼쪽 날개에 부딪히는 공기 속도보다 선회 바깥쪽에 있는 오른쪽 날개에 부딪히는 공

기 속도가 빨라진다. 옆으로 나란히 서서 원형의 도로를 걸을 때, 바깥쪽에 있는 사람은 안쪽에 있는 사람보다 큰 걸음으로 빨리 걸어야 하는 것과 같은 이치다.

도움날개가 중립 위치로 돌아가도 왼쪽 날개 양력보다 오른쪽 날개 양력이 커져서 비행기를 원하는 것보다 더 기울어지게 만든다. 가만히 두면 뱅크각이 더 커져서 비행기는 선회하면서 급강하한다. 이것이 나선 강하다.

그러므로 선회 조작에서는 기울어진 후에 뱅크각이 커지는 것을 방지하기 위해 조종간을 오히려 반대쪽으로 약간 기울여야 한다.

사람이 조종하는 비행기라면 제어해서 균형을 잡을 수 있겠지만 모형 비행기는 제어할 수 없다. 좁은 장소에서 날릴 때 선회 반경을 줄이기 위해 도움날개에 해당하는 부분을 크게 굽히면, 선회하면서 점점 더 기울어져서 급강하한다. 그렇다면 어떻게 이 문제를 해결할 수 있을까? 나선 강하의 원인은 롤링과 함께 발생하는 옆 미끄러짐이라 할 수 있으므로, 롤링 안정을 높이기 위해 상반각을 크게 만들면 된다.

선회 반경을 작게 만들수록 좌우 날개에 부딪히는 공기 속도의 차이는 벌어지고, 뱅크각이 커지면서 양력은 점점 줄어 비행기가 급강하할 위험이 있다.

하강과 착륙 조작 방법

— 하강(진입)할 때는 상승할 때와 반대로 조작하면 된다. 먼저 승강키를 내린다. 승강키가 내려가면 주날개의 받음각이 작아져서 양력이 감소하고, 비행기는 하강한다. 주날개 받음각이 작아지면 공기 저항이 감소해서 비행 속도가 빨라지지만, 엔진 출력을 줄이고 플랩을 약간 내려서 하강률을 조절할 수 있다.

비행기가 비행장 근처에 이르면, 활주로 방향에 맞춰 기수 방향을 제어하고 일정한 속도와 하강각을 갖춰 똑바로 활주로를 향하는 자세에 들어가는 것을 '최종 진입'final approach이라 한다. (그림 4-13) 비행기와 활주로가 만나는 지점은 정해져 있다. 제트 여객기는 시속 250km나 되는 빠른 속도로 지면과 만나므로, 1초라도 타이밍이 어긋나면 접지 지점이 70m나 달라진다.

활주로 근처에서 정해진 고도에 도달하면, 조종간을 당겨서

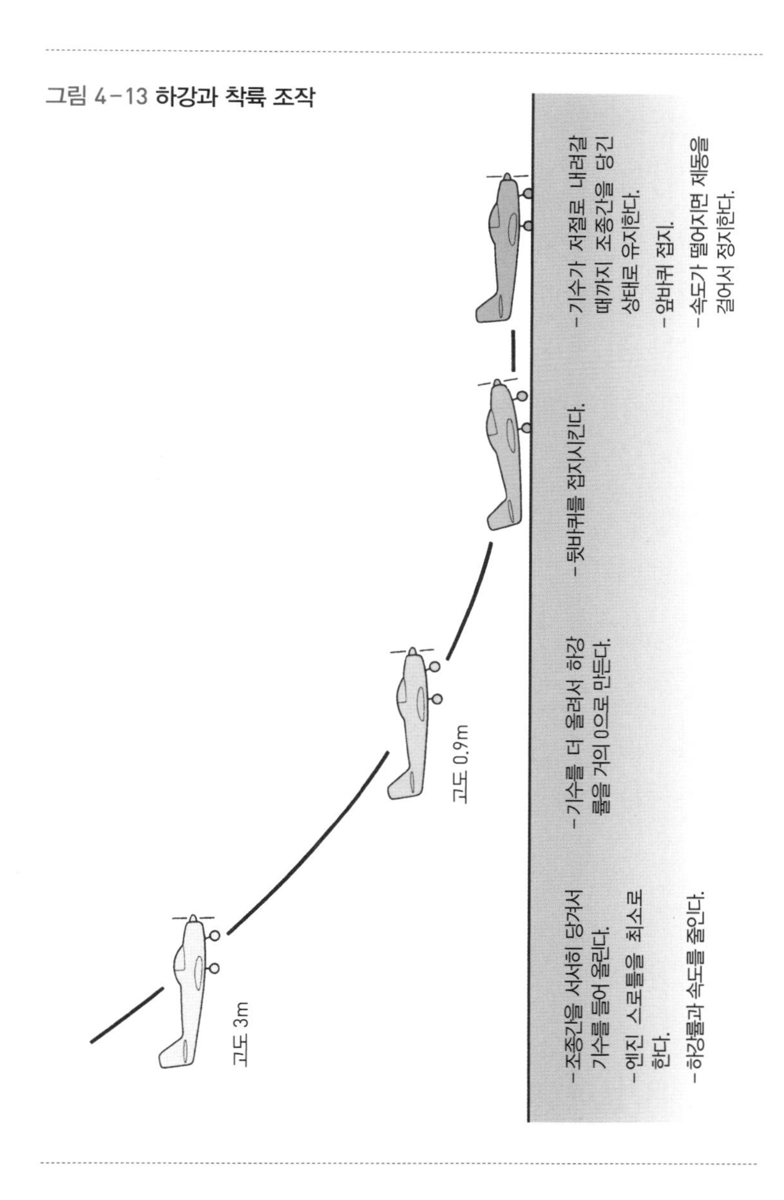

그림 4-13 **하강과 착륙 조작**

기수를 들어 올린다. 이렇게 하면 양력이 일시적으로 증가해서 하강률이 줄어들고 속도도 느려진다. 착지 순간에 하강률을 0으로 만드는 것이 가장 이상적이다.

이대로 기수를 올려두면 먼저 뒷바퀴가 지면에 닿고, 비행기에는 공기 저항과 바퀴와 지면 사이의 마찰 저항이 함께 작용해서 속도는 더 줄어든다. 그리고 기수를 들어 올리는 역할을 하던 승강키의 작용이 줄어들고, 기수가 자연스럽게 내려가서 앞바퀴도 접지한다. 이제 비행기는 활주로를 달리면서 점점 감속한다. 비행기가 충분히 감속했으면, 바퀴 브레이크를 걸어 비행기를 완전히 멈춘다.

곡예비행도 가능한 모형 비행기

— 기계로 가득한 복잡한 조종실로 보이지만, 실제로 조종에 필요한 것은 승강키, 방향키, 도움날개, 엔진 스로틀 네 가지뿐이다. 엔진 스로틀만 제외하면 모형 비행기의 조종도 거의 똑같다. 실제 비행기의 승강키와 도움날개도 자세를 바꿔서 주날개에 작용하는 공기 힘의 크기와 방향을 바꾸는 기능만 해내기 때문이다.

그렇다면 모형 비행기로 곡예비행이 가능할까? 답을 먼저 말하자면, 가능하다. 상반각을 줄이고 도움날개 부분의 좌우를 서로 반대로 굽혀 강하게 날리면, 비행기는 공중에서 나사처럼 회전하면서 날아간다. 이는 배럴롤barrel roll이라는 곡예비행과 같다. 게다가 무게중심을 약간 앞으로 옮기고 승강키 부분을 충분히 굽혀서 강하게 날리면, 연속해서 키돌이 비행loop(수직원 비행)을 할 수도 있다.

Chapter 5

비행기는 어떤 힘을 견뎌야 하는가

비행기의 강도

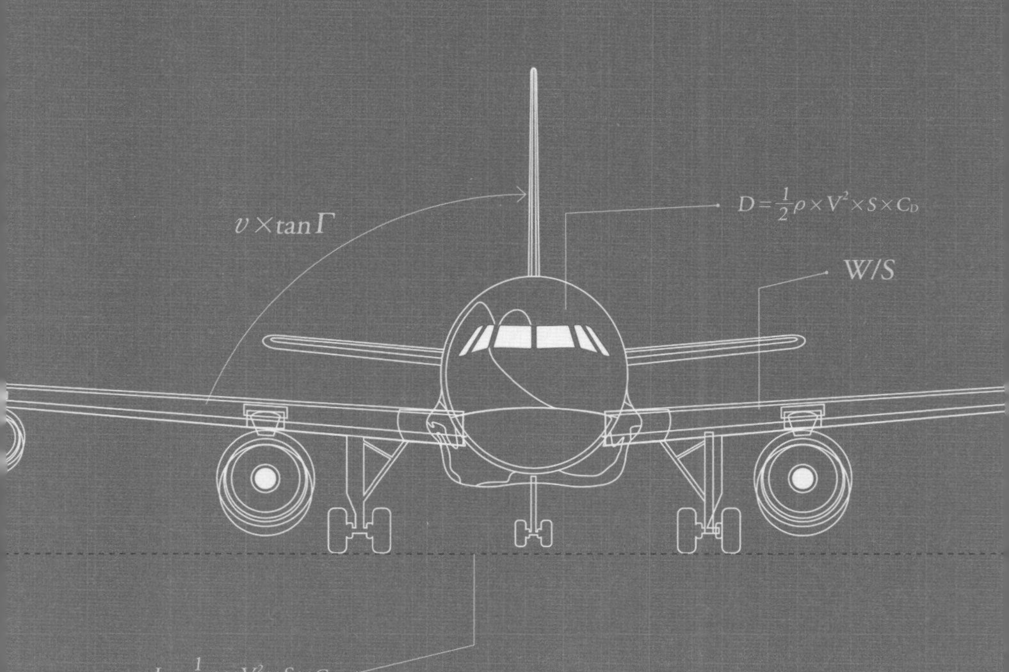

비행기가 날기 위해서는 하늘에 뜰 수 있을 만큼 가벼워야 한다. 또한 짐과 사람을 싣고 떠오르기 위해서는 튼튼해야 한다. 일반적으로 물체를 튼튼하게 만들면 무게가 무거워진다. 어떻게 튼튼하고도 가벼운 비행기를 만들 수 있을까? 옛날부터 비행기를 설계하면서 가장 해결하기 힘든 부분이 튼튼하면서도 가볍게 만드는 방법을 찾는 것이었다. 안전이 가장 우선이지만, 튼튼하게 만드는 데만 신경을 쓰면 기체가 무거워져서 날지 못하기 때문이다.

이는 모형 비행기도 제트 전투기도 마찬가지다. 그래서 어떤 비행기를 설계하든 강도를 계산해야만 한다. 어떻게 튼튼하면서도 가벼운 비행기를 만들 수 있을까?

가벼우면서도 튼튼해야 하는 기체

— 비행 중에 기체가 파손되면 큰 사고가 발생하므로 비행기는 튼튼해야 한다. 하지만 튼튼함만 신경 써서 만들면 지나치게 무거워져서 비행은커녕 이륙하는 것조차 어렵다. 비행기는 가볍기도 해야 한다. 이렇게 상반된 두 가지 요구 조건에 맞추기 위해 라이트 형제 시절부터 오늘날까지 많은 연구가 이루어졌고, 그 결과는 다음의 두 가지로 요약할 수 있다.

먼저 튼튼하게 만들려면, 비행기가 이륙 활주를 시작해서 착륙 정지를 할 때까지 어떤 힘을 받는지 이해해야 한다. 이를 위해서는 비행 상태뿐만 아니라 기상과 지형에 의한 영향도 철저하게 조사해야 한다. 다음으로 그런 여러 힘들을 견디기 위해 튼튼하고 가벼운 재료를 선택해서 잘 파손되지 않는 구조로 만들어야 한다. 이를 위해서는 자세한 강도 계산과 신뢰성 높은 제작이 필요하며, 강도 확인을 위한 시험도 필요하다.

그림 5-1 중량 관리에 실패하면 비행기는 날지 못한다

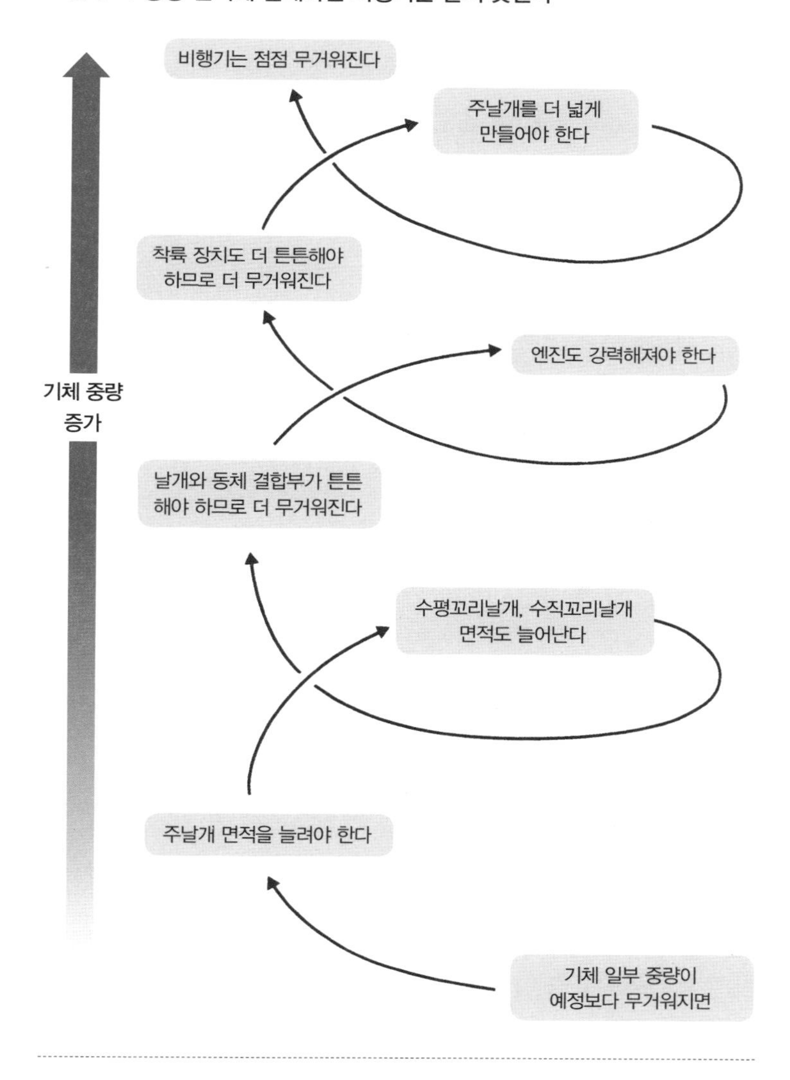

다음으로 비행기를 가볍게 만들려면, '중량 관리'가 매우 중요하다. 중량 관리는 중량 목표를 지키는 작업이다. 중량 관리를 위해서는 우선 기체 각 부분에 가해지는 힘을 미리 산정한다. 그리고 그 힘을 견뎌낼 수 있는 구조를 결정할 때, 각 부분을 예정된 중량으로 완성되도록 설계와 제작 단계에서 엄격하게 점검한다.

설계 단계에서 중량 관리를 철저히 시행하지 않으면 비행기는 무거워져 날지 못한다.(161쪽 그림 5-1) 예를 들어, 기체 일부분의 중량이 목표를 넘었다고 생각해보자. 초과한 무게를 공중에 띄우기 위해서는 주날개도 그만큼 커져야 한다. 주날개가 커지면 균형을 잡는 데 필요한 수평꼬리날개와 수직꼬리날개도 주날개에 맞춰서 커져야 한다. 날개를 동체에 결합하는 부분도 더 튼튼해져야 하므로, 모든 것이 무거워진다.

이렇게 크고 무거워진 기체가 예정 속도로 비행하려면 그만큼 강력한 엔진을 사용해야 한다. 이착륙 시의 착륙 장치도 계획보다 훨씬 튼튼하게 만들어야 한다.

이처럼 단 한 곳의 중량만 초과되어도 전체 중량이 눈덩이처럼 불어난다. 비행기 개발 계획 자체를 망칠 수도 있으므로, 중량에 신경 써야 한다. 이와 반대로, 기체 일부분이 가벼워진다면 전체가 가벼워지므로 그만큼 화물을 더 많이 실을 수 있다. 비행기가 튼튼하고 안전하다는 보장만 있다면 가벼울수록 좋다.

비행기에 가해지는 G의 정체

— 튼튼하고 가벼운 기체를 설계하려면, 비행기가 나는 동안에 어떤 힘이 가해지는지를 아는 것이 가장 중요하다.

비행 상태에는 이륙, 상승, 수평 비행, 선회, 하강, 착륙이 있다. 각 상태에서 비행기가 받는 힘(하중)은 달라진다. 게다가 전투기나 곡예비행기는 여객기라면 상상하기도 힘든 격렬한 운동을 견뎌내야 한다.

이번 장에서는 대표적인 비행 상태를 예로 들어 비행기에 어떤 하중이 가해지는지를 설명한다. 하중을 설명할 때 'G'라는 단위가 등장하는데 잘 기억해두기 바란다.

비행기에 가해지는 힘은 같은 운동을 하더라도 기체 크기에 따라 달라진다. 그러므로 큰 기체는 큰 만큼, 작은 기체는 작은 만큼 운동을 할 때 기준이 되는 힘의 몇 배에 이르는 하중이 작용하는가를 생각해야 한다. 중력(정확히는 중력 가속도)을 힘의 기준으로 사용해서 운동에 따라 가해지는 힘(정확히는 가속도)이 중력의 몇 배인지를 G라는 단위로 나타낸다.

예를 들면, 운동할 때 기체에 가해지는 힘이 중력의 3배라면 '3G', 5배라면 '5G'라고 한다. 몸무게가 50kg인 사람에게 3G가 가해졌다고 하면, 그 사람은 150kg에 작용하는 중력만큼의 힘을 받는다. 여기에서 예로 든 3이나 5와 같은 숫자를 '하중 배수'라고 부르며 기호 n으로 표시한다.

비행기를 설계하는 단계에서 기체의 튼튼함을 고려할 때 하중 배수는 매우 중요하다. 비행기의 용도에 따라서 규격으로 정해져 있다.

정상 비행 상태에서 작용하는 하중

— 비행기가 일정한 속도로 수평 직선 비행을 한다면, 중력과 양력이 서로 균형을 이루고 있다. 그러므로 이 상태에서 기체에 가해지는 힘은 1G, 하중 배수는 1이 된다.(166쪽 그림 5-2의 A)

비행기가 수평으로 선회하면, 기체는 기울어진다. 양력의 수직 방향의 성분은 중력과 균형을 이루고, 수평 방향의 성분은 선회할 때 받는 원심력과 균형을 이룬다. 그러므로 그림 5-2의 B에서 볼 수 있듯이 이때 받는 양력, 즉 기체에 가해지는 하중은 수평으로 비행할 때보다 커진다.

뱅크각을 Φ(파이)라 하고 이때 양력 L을 중력 W로 나타내면 다음과 같다.

$$L = \sqrt{1 + tan^2 \Phi} \times W$$

그림 5-2 정상 비행 상태일 때의 하중

A. 직선 비행에서 하중 배수 $n = 1$

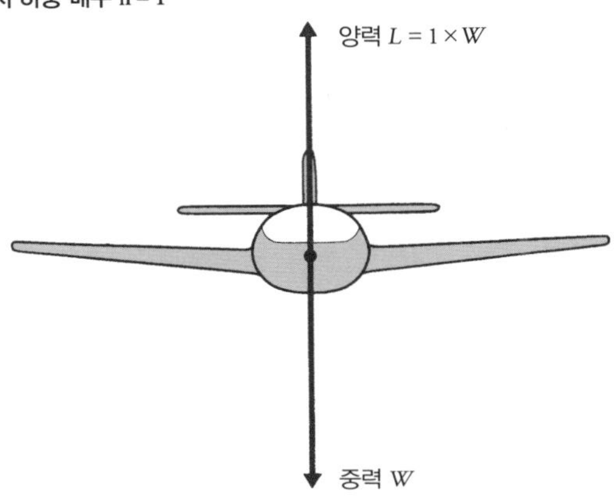

B. 선회 비행에서 하중 배수 $n = \sqrt{1 + \tan^2 \Phi}$

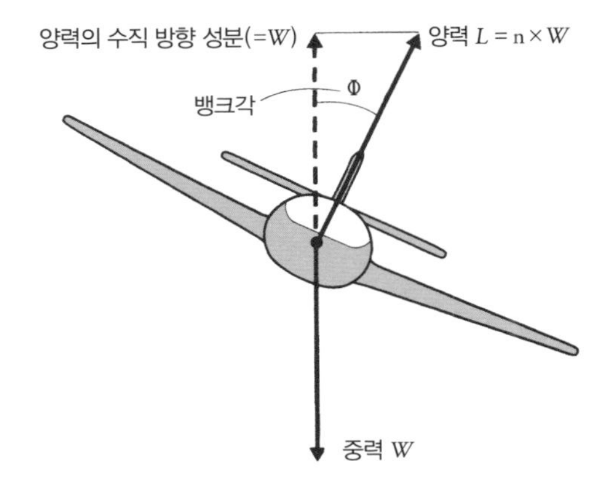

이때 하중 배수 n은 $\sqrt{1+tan^2\Phi}$ 가 된다. 즉 뱅크각 Φ가 클수록 하중은 커진다. 구체적인 뱅크각을 대입해보면, 뱅크각이 30도라면 1.15G, 뱅크각이 45도라면 1.41G, 뱅크각이 60도라면 2.00G가 된다.

보통 사람은 자신의 몸에 2G나 되는 힘이 가해지면 손을 올리고 내리는 데 불편함을 느끼거나 가벼운 현기증을 경험하므로, 여객기는 뱅크각 30도를 넘는 선회를 할 수 없게 규정하고 있다.

기수를 들어 올리면 증가하는 하중

— 비행기가 수평 비행을 하는 동안 갑자기 조종간을 당겨 기수를 들어 올리면, 수평 비행을 유지하려는 비행기의 받음각이 갑자기 커져서 양력도 급증한다. 양력이 최댓값이 되는 것은 실속 상태가 되기 직전까지 받음각을 키웠을 때다. 또한 양력은 비행 속도의 제곱에 비례한다. 기수를 들어 올릴 때의 비행 속도가 빠를수록 양력의 증가량, 즉 기수 상승과 함께 가해지는 하중 배수 n도 커진다.

이렇게 양력이 급증하더라도 견뎌낼 수 있게 매우 튼튼하고 무거운 비행기를 설계해야 한다. 하지만 비행기가 끝까지 버틴다고 해도 안에 탑승한 조종사나 승객은 버틸 수 없다. 그래서 급격하게 기수를 들어 올려서 받음각을 실속할 만큼 크게 만들어도 안전을 보장할 수 있도록 비행 속도의 상한이 정해져 있다. 이것을 '설계 운동 속도'라 부른다. 비행 속도가 설계 운동 속도에 도달하면, 기수를 들어 올리더라도 서서히 들어 올려야 한다.

수평 비행 상태에서 갑자기 기수를 내리는 상황도 있다. 이때 주날개 받음각은 급감하지만, 익형에 따라서는 받음각을 마이너스로 해도 실속 현상이 일어난다. 주날개에 가해지는 마이너스 하중negative load은 실속 직전에 최대가 된다. 그러므로 기수를 내릴 때도 하중 배수가 정해져 있다. 하지만 실제로 기수를 들어 올리는 상황에 비하면 격렬한 운동 상태는 아니므로, 기수를 내릴 때의 제한하는 하중 배수는 들어 올릴 때의 하중 배수의 40~50% 정도로 정해져 있다.

돌풍이 발생하면 커지는 G

— 여객기에 타고 수평 비행을 하는 동안 갑자기 기체가 위로 들어 올려지는 경우가 있다. 이것은 기체가 상승 기류가 강한 공역에 진입했기 때문에 발생하는 현상이다. 기체 입장에서는 아래쪽에서 돌풍이 불어온 것과 같은 상태다.

그림 5-3의 오른쪽 그림은 평온한 공기에서 비행기가 수평 비행하는 상태를 보여준다. 비행 속도를 V, 주날개 받음각을 α(알파)라고 하자.

이 비행기가 진행해서 왼쪽 그림처럼 속도 v로 위로 향하는 돌풍이 부는 공역에 들어가면, 받음각은 α에 $tan^{-1}\frac{v}{V}$만큼 증가한다. 그러므로 갑자기 증가한 받음각만큼 양력(하중)이 증가한다.

반대로 아래로 부는 돌풍(하강 기류)이 부는 공역에 들어가면, 받음각이 작아지고 양력도 감소해서 아래로 향하는 하중이 더욱 커진다.

그림 5-3 돌풍과 만났을 때 하중 배수의 변화

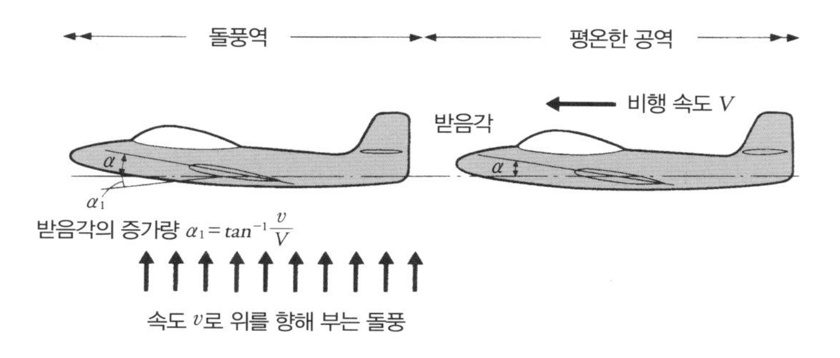

돌풍역에 진입한 기체는 원래 받음각인 α에 α_1만큼 더해지므로, 새 받음각 $\alpha + \alpha_1$만큼의 양력이 갑자기 가해지는 것과 같아서 그만큼 하중이 증가한다.

여기서 알 수 있듯이 양력의 증가량은 비행과 돌풍의 속도에 비례하고 날개 면적이 넓을수록 커진다. 한편 하중 배수는 비행기에 가해지는 힘과 중력의 비율이므로 돌풍 때문에 양력이 증가해도 기체의 무게가 무거울수록 하중 배수는 작아진다.

그러므로 돌풍이 많은 난기류 공역을 통과할 때는 비행 속도를 느리게 하는 편이 좋다. 날개 면적이 작고 기체가 무거워서 익면 하중이 큰 비행기일수록 돌풍에도 흔들림이 적어서 편하게 비행할 수 있다.

최대 비행 속도를 제한하는 이유

— 비행기가 가장 빠른 순간은 급강하할 때다. 하지만 속도의 제곱에 비례해 기체에 가해지는 하중이 커져 속도가 빠를수록 위험해지므로, 급강하 속도에 제한을 둔다. 이를 '설계 급강하 속도'라고 부르는데, 비행기 종류에 따라 순항 속도의 1.4~1.55배 정도로 정해져 있다.

설계 급강하 속도에서의 하중 배수를 견디는 강도를 설계 단계에서 정하면서도, '최대 급강하 속도'를 따로 제한한다. 빠른 급강하로 기체가 지면에 가까워졌을 때 기수를 갑자기 들어 올리면, 기체에 급격한 하중이 가해진다. 설계 시 상정한 하중 배수를 초과하면 최악의 경우에 비행기가 공중분해된다.

격렬한 운동을 할 수 있게 설계한 전투기와 곡예비행기는 당연히 설계 급강하 속도와 제한 하중 배수가 크게 설정되어, 기수를 심하게 들어 올리더라도 견딜 수 있다.

착륙할 때의 하중

— 비행기는 날아오르면 반드시 다시 지상에 내려와야 한다. 하강률이 0인 이상적인 착지가 언제나 가능한 것은 아니므로, 비행기는 착지 시 충격에도 견디도록 만들어져야 한다.

그래서 여러 조건을 고려해서 착륙 시 비행기마다 견뎌야 하는 하중이 정해져 있다. 군용기라면 상당히 거친 노면에서 이착륙해야 하기도 하고, 여객기도 사고로 불시착하는 상황이 발생한다. 수송기라면 착륙 시에 통상 1초에 3m인 하강률로 접지해도 견딜 수 있어야 한다.

사고나 예상치 못한 상황으로 예상보다 일찍 착륙하는 경우에는 착륙 하중을 맞추기 위해 미처 소비하지 못한 기름을 버리기도 한다. 이처럼 착륙 시에는 충격에 견딜 수 있도록 신경 써서 하중을 맞추는 노력을 한다.

주날개에 가해지는 하중

— 지금까지 설명한 내용은 비행기 전체에서 고려해야 하는 하중 조건이다.

실제로 비행기를 설계할 때는 주날개와 꼬리날개, 동체, 착륙장치 등 기체를 구성하는 각 부분마다 하중을 견딜 수 있게 설계해야 한다.

먼저 수평 비행 상태인 주날개에 가해지는 하중에 관해 알아보자. 그림 5-4는 비행기를 앞에서 본 모습이다. 주날개에는 날개 너비 전체에 걸쳐 위로 향하는 양력이 분포한다. 이와 반대 방향으로 주날개 부분(주날개, 엔진, 날개 안에 든 연료 등)을 제외한 비행기 무게가 양쪽 날개의 한가운데에 집중해서 가해진다.

주날개 자체 무게도 날개 너비 전체에 분포한다. 날개 안에 연료 탱크가 있다면, 그 안의 연료 무게도 더해진다. 다발기의 주날개에 엔진이 장착되어 있으면, 당연히 엔진 중량만큼 무게가 증

그림 5-4 **주날개가 받는 하중(예)**

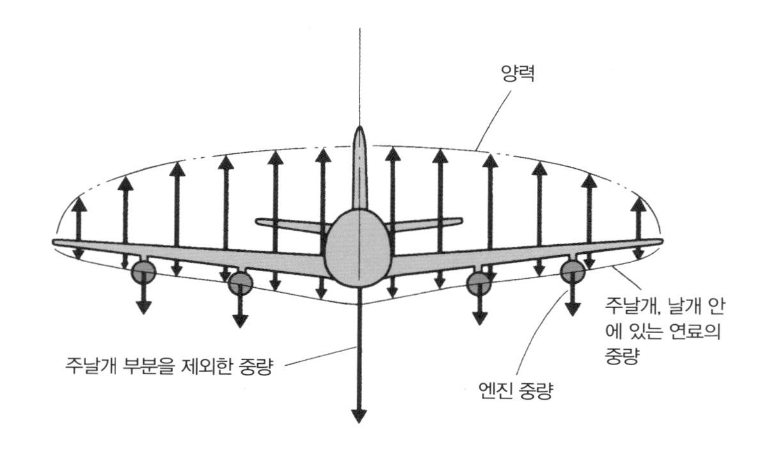

가한다. 수평 비행 상태에서는 이 모든 힘이 균형을 이룬다.

하지만 비행기를 들어 올리거나 돌풍과 만난 경우에는 양력과 중력이 각각 규정된 만큼 하중 배수에 더해지므로, 이런 힘에도 주날개가 견딜 수 있게 설계한다. 급강하할 때도 마찬가지다.

지금 소개한 예는 기체 좌우에 가해지는 하중이 같은 대칭 상태지만, 비행 중에는 하중이 비대칭이 되기도 한다. 도움날개를 조작하거나 기체가 옆으로 미끄러질 때 좌우 양력은 달라진다. 이런 상황도 고려해서 주날개를 설계해야 한다.

동체에 가해지는 하중

— 동체는 비행기에 없어서는 안 되는 부분이다. 비행에 꼭 필요한 엔진과 조종 장치, 연료 탱크를 갖추고 있기 때문이다. 승객과 화물, 무기 등도 탑재하며, 기본적으로 앞뒤로 뚜껑이 달린 원통 또는 상자의 형태를 하고 있다.

동체를 옆에서 보면 탑승한 승객과 적재한 화물의 하중이 골고루 분산되어 있고, 주날개와 꼬리날개가 붙어 있는 부분에는 날개의 하중도 가해진다. 그러므로 동체를 설계할 때도 주날개를 설계할 때와 마찬가지로 여러 비행 상태에서 받는 하중을 고려해야 한다.(그림 5-5)

이착륙할 때는 바퀴에 강한 충격이 전해지고, 여객기라면 고공을 비행할 때 기내 기압이 지나치게 내려가지 않도록 여압이 작동한다. 이때 기체 안팎의 압력차로 인해 동체를 밖으로 부풀리는 하중을 견뎌야 한다.

그림 5-5 **일반적인 비행 상태에서 동체가 받는 하중(예)**

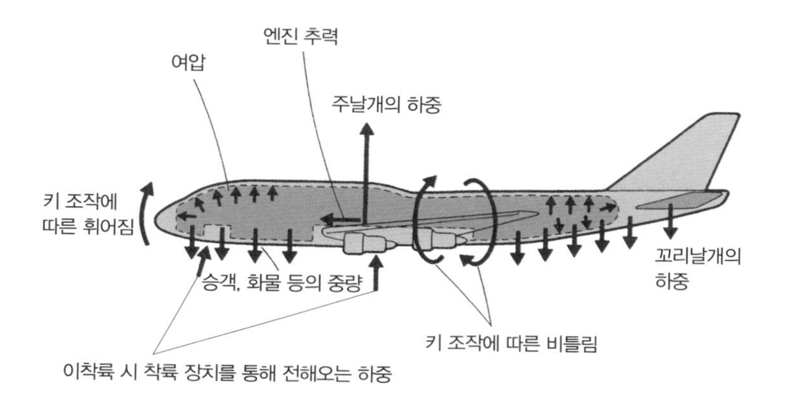

게다가 만약 불시착하는 상황이라면, 기체가 찌그러지더라도 승객과 조종사에게 치명상을 입히지 않게 해야 한다. 또한 파손된 프로펠러 파편이 날아와서 동체에 박히더라도 안전할 만큼 충분한 강도를 지녀야 한다.

새가 창이나 동체에 부딪히는 상황이나 예상치 못한 일로 바닥에 구멍이 생기는 것까지도 고려해서 튼튼하게 설계한다.

비행기 종류마다 정해진 하중 배수

— 격렬한 운동을 하는 비행기와 일반적으로 사용하는 비행기는 설계 단계에서 고려해야 하는 하중 배수가 다르다. 곡예비행을 할 일이 없는 여객기를 일부러 곡예비행에 견딜 수 있을 정도로 튼튼하고 무겁게 만들 필요가 없다는 말이다. 여객기라면 기체를 가볍게 제작해서 적재량을 늘리거나 연료 소비를 줄이는 편이 낫다.

미국 등 주요 항공기술 선진국에서는 비행기 사용 경험을 참고해, 비행기의 운동 정도에 따라 설계 시에 사용하는 하중 배수의 하한을 안정인증 및 설계 등을 위한 법령과 규격으로 정해두었다. 가장 큰 하중 배수를 필요로 하는 곡예기는 하중 배수 6, 가장 낮은 수송기는 하중 배수 2.5다. 군용기에 필요한 하중 배수는 훨씬 높으며, 특히 격렬한 운동을 해야 하는 전투기와 연습기는 7 이상이나 되는 높은 하중 배수를 적용한다.

앞에서도 설명했지만, 하중 배수는 높다고 좋은 것만은 아니다. 기체가 튼튼해도 탑승하는 사람이 얼마나 높은 하중을 견딜 수 있는지도 고려해야 한다. 보통 사람이라면 3.5~4G에서 현기증을 느끼며, 4.5~5G에서 기절한다고 알려져 있다.

전투기 조종사는 높은 G를 견딜 수 있게 훈련받으며, 몸속의 피가 한곳에 쏠리는 것을 방지하기 위해 특별히 제작한 '중력 방지복'anti G suit도 착용하므로 높은 G가 가해져도 견딜 수 있다.

이렇게 비행기 종류별로 하중 배수가 정해져 있는 것은 유인 비행기에서 특히 중요하며, 여기에는 두 가지 의미가 담겨 있다. 첫 번째로 정해진 하중 배수를 견딜 수 있게 튼튼한 기체로 설계해야 한다. 두 번째는 이렇게 설계한 비행기를 조종할 때는 설계할 때 상정한 하중 배수를 초과하는 격렬한 운동을 하지 말아야 한다.

곡예비행용으로 설계하지 않은 비행기로 무리하게 곡예비행을 하거나 설계 이상의 속도로 급강하했다가 기수를 들어 올리면, 기체가 파괴되고 추락해버릴 가능성이 있기 때문이다.

비행기를 설계할 때의 안전율

— 기체 구조를 생각할 때, 비행 중에 발생하는 최대 하중을 견딜 수 있는 구조를 선택한다. 실제로는 강도에 여유가 있게 구조를 선택하는데, 이러한 강도상의 여유를 '안전율'이라 부른다.

비행 중에 발생하는 모든 하중 조건을 고려한다고 해도, 과거에 경험하지 못했던 이상 상태가 절대 발생하지 않는다고 단정할 수는 없다. 또한 비행 중 충돌과 같은 상황을 피하고자 설계상 허락된 수준을 넘어서는 조종을 해야 할지도 모른다.

이처럼 예측할 수 없는 사태를 상정해서, 그런 상황에서도 비행기가 어느 정도까지는 견딜 수 있게 만들려고 안전율이라는 개념을 적용한다.

흔히 적용하는 안전율은 1.5 정도인데, 이 값은 운용상 예상할 수 있는 최대 하중에 50%나 더 큰 하중이 가해져도 견딜 수 있게 기체를 설계한다는 의미다. 이렇게 더해지는 50% 하중을 '종극 하중'ultimate load이라 하며, 종극 하중이 가해진 상태에서 적어도 3초 동안은 기체가 변형을 일으키지 않고 견딜 수 있게 설계한다.

비행기 부품 중에는 특히 형태가 복잡해서 하중이 어떻게 걸리는지 예상하기 어렵거나, 사용하는 재료 특성이 균일하지 않을 가능성이 있는 것도 있다. 이런 부품을 설계할 때에는 안전율을 더 높게 설정해서 사고를 예방한다.

'페일 세이프'의 개념

— 수백 명이나 되는 승객이 탑승하는 여객기는 만에 하나 예측하지 못한 사태가 발생하더라도, 무사히 지상에 되돌아갈 수 있어야 한다. 군용기라면 공격을 받아 기체에 손상을 입어도 어느 정도까지 견뎌서 아군 기지에 돌아갈 수 있어야 한다.

이렇게 기체 일부에 만에 하나 고장이 발생하더라도 비행을 계속할 수 있도록 설계하는 것을 '페일 세이프'fail safe라고 부른다.

페일 세이프라는 개념을 적용해 설계하는 것은 다음과 같은 의미가 있다.

1. 기체 일부에 균열이 발생해도 그 균열의 확대를 막아 큰 사고를 방지한다.
2. 부품 하나가 파손되더라도 다른 부품에까지 그 영향이 미쳐

큰 사고로 이어지는 일이 없어야 한다.

3. 같은 작용을 하는 장치나 부품을 두 개 이상 준비해서, 만약 하나가 고장이 나더라도 바로 다른 것으로 교체할 수 있도록 한다.

세계 일주 비행에 성공했다고 증명하려면, 비행 거리와 고도를 연속해서 자동 기록하는 계기가 필요하다. 여담이지만, 무급유 무착륙 세계일주 비행에 성공한 보이저에는 기록용 계기를 3세트나 담았다. 계기가 고장 나면 세계 일주 비행에 성공해도 공식적인 기록으로 인정받을 수 없기 때문이다. 여성 조종사는 머리카락을 짧게 자를 정도로 무게를 줄이기 위해 노력하면서도, 비행기에 여분의 계기를 실었다. 이런 것도 페일 세이프를 적용한 사례라고 볼 수 있다.

전투기보다 튼튼한 모형 비행기

— 어떻게 해야 튼튼하면서도 가벼운 비행기를 만들 수 있을까? 비행기에는 100년이 넘는 시간 동안 많은 경험과 기술이 쌓였지만, 여전히 설계자가 예상하지 못한 일이 일어나곤 한다. 그래서 만에 하나 사고가 일어나면, 철저하게 그 원인을 조사해서 다음 설계에 반영한다. 비행기는 최신 기술의 결정체라고 많이들 생각하는데, 의외로 오랜 경험의 산물일지도 모르겠다.

모형 비행기의 강도는 어느 정도일까? 제트 전투기보다 훨씬 약한 강도를 가지고 있다고 생각하는 사람이 많을 것이다. 하지만 사실은 그렇지 않다. 모형 비행기가 훨씬 튼튼하다. 앞서 얘기했듯 모형 비행기의 비행 상태는 세 가지가 있다. 발진, 활공, 착지. 이 중에서 하중이 가장 낮은 건 활공인데 이때가 1G다. 실제 비행기가 일정한 속도로 수평 비행할 때와 같은 정도인 것이다.

문제는 발진할 때인데, 손으로 던져도 초속 30m이므로 활공 상태가 초속 약 5m라고 하면, 거의 6배나 빠르다. 양력은 속도의 제곱에 비례하니 약 36배 정도가 되겠다. 그러니까 발진할 때는 36G나 되는 하중이 모형 비행기에 가해진다. 이렇게 큰 하중을 견디기 위해 특히 힘을 많이 받는 부분에는 종이를 덧붙여서 적층 구조로 만든다.

착지할 때는 잘 만든 비행기라면 아주 매끄럽게 착지해서 별 문제가 없다. 하지만 콘크리트같이 딱딱한 지면에 추락한다면 100G 정도의 하중이 가해진다. 이 정도면 어떤 모형 비행기라도 망가지겠지만, 잔디밭에 추락했는데도 망가질 정도면 안 된다.

몇 번이나 시험 비행해서 개량하고, 강도 계산을 제대로 해서 만든 모형 비행기더라도 하중의 한계는 꼭 확인해야 한다. 가볍고 튼튼한 모형 비행기를 만드는 방법은 실제 비행기를 제작하는 법과 똑같다.

Chapter 6

항공 역학을 적용한 모형 비행기의 설계와 비행

모형 비행기 제작

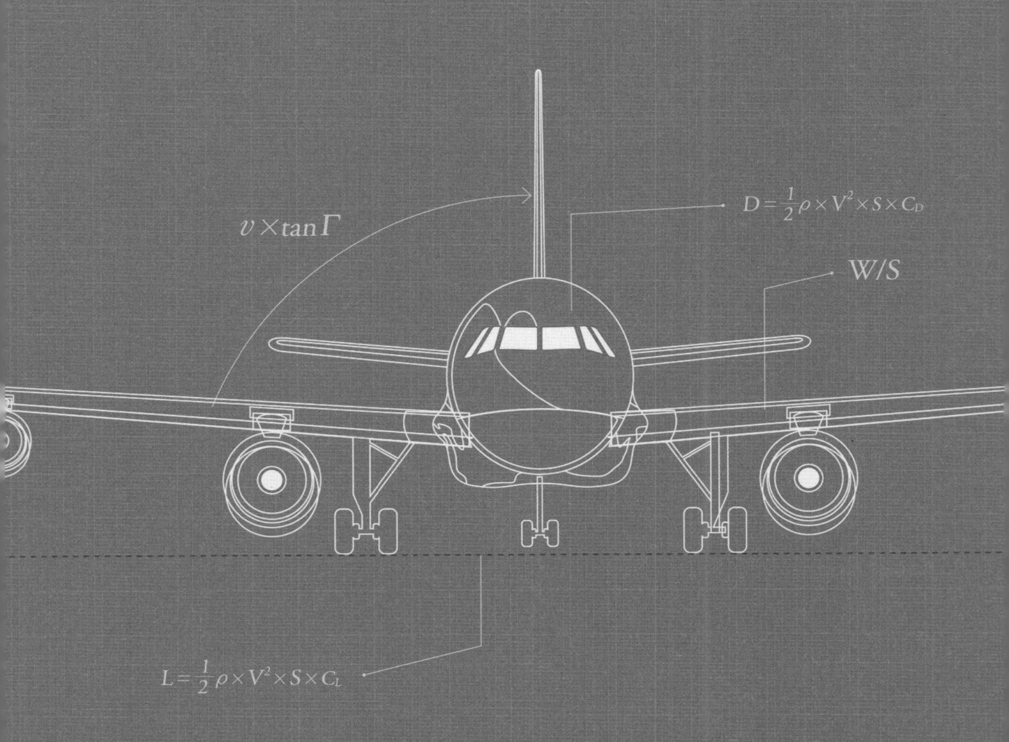

비행기가 나는 원리와 구조를 모두 설명했다. 이제 항공 역학을 이용해 모형 비행기를 만들 수 있다. 멋지게 활공하는 모형 비행기를 만들려면 우수한 설계, 정확한 제작, 뛰어난 조정이 중요하다. 하나라도 부족하면 안정적으로 날 수 없다.

설계는 뭔가 계산하는 것으로만 생각하는데, 결코 아니다. 목표와 아이디어를 가지고 새로운 것을 만들어내는 즐거운 과정이라고 생각하길 바란다. 비행기를 설계대로 정확히 제작하고, 완성한 후 조정을 하자. 처음부터 안정적으로 나는 비행기는 없다. 차근차근 순서대로 시험 비행을 거쳐 조정해야 한다.

진짜 비행기라면 비행하는 동안 조종사가 조종간이나 스로틀을 조작해서 비행 자세와 속도를 바꿀 수 있다. 하지만 모형 비행기는 비행하면서 조종하는 일이 불가능하다. 날리기 전에 모든 조종을 미리 마쳐야 하는 것이다. 장단점을 파악해서 장점을 최대한 발휘할 수 있도록 시험 비행 계획을 세우고, 조정 기술을 익혀야 한다. 모형 비행기 하나라도 제대로 만들려면, 항공 역학을 잘 알고 있어야 한다.

설계 단계에서
목적 설정하기

— 모든 비행기는 설계할 때 목적과 용도를 분명히 한다. 가능한 한 구체적인 목표를 세워야 한다.

먼저 우선시할 것이 체공 시간인지, 비행 거리인지를 결정한다. 체공 시간을 우선시한다면 몇 초가 목표인지, 비행 거리가 우선이라면 몇 m가 목표인지를 구체적인 수치로 정한다. 용도도 분명히 해야 한다. 기록에 도전하기 위한 것인지, 단순히 모형 비행기 날리기를 즐기려는 것인지를 정한다.

이렇게 목표와 용도를 정하고, 실행에 옮기기 위한 합리적이고 과학적인 수단을 생각하는 것이 바로 설계다. 설계를 진행하는 방법에 따라서 비행기 형태가 변할 수도 있고, 설계자의 개성도 드러난다. 게다가 개발의 성공과 실패도 정해진다.

이번 장에서는 모형 비행기를 날리면서 조정 방법을 체험할 수 있는 설계를 해보자. 만들기 쉬우면서 잘 망가지지 않고, 조정하기 쉬운 모형 비행기가 가장 바람직하다. 조금 더 욕심을 내서 체공 시간도 어느 정도 유지할 수 있게 만들어보자. 이런 비행기를 '체공용 비행기'(트레이너)라고 부른다.

목표 체공 시간을 20초라고 하면, 상승 시간은 보통 2초 정도이므로 활공 시간이 18초가 된다. 만약 모형 비행기 하강률이 1초에 0.5m라면, 상승 고도는 0.5×18=9m까지 도달해야 한다. 그러므로 이런 하강률을 가지려면, 익면 하중과 양항비를 어떻게 설정해야 하는지를 생각해야 한다.

익면 하중 목표치를 정하면, 이를 사용해서 기체 중량과 주날개 면적 조합을 구상한다. 양항비와 하강률에서 활공 속도가 정해지면, 필요한 양력(주날개 면적)을 구할 수 있다. 양항비와 양력에서 항력 목표치도 알게 되면, 줄여야 하는 기체 저항 목표도 세울 수 있다.

참고로 그림 3-2(93~94쪽)에서 기체 D를 찍은 스트로보 사진 궤적을 통해 산출한 모형 비행기 활공 성능을 수치로 소개한다. 활공 속도는 초속 4.4m, 하강률은 1초에 0.76m, 활공각은 9.9도이고 양항비는 5.7이다. 이 자료를 이용해서 양력 계수 C_L과 항력 계수 C_D를 계산하면 각각 0.67, 0.11임을 알 수 있다.

모형 비행기를 제작하는 순서

— 모형 비행기를 제작하는 순서를 보자.

설계를 할 때는 만들고 싶은 비행기의 '아이디어 스케치'부터 시작한다. 먼저 기본 이미지를 그림으로 표현한다. 그 후 간단한 계산과 함께 공기 역학과 구조 및 강도를 검토한다. 주날개, 꼬리날개, 동체 등의 형태와 치수도 정확하게 결정한다.

설계가 끝나면 기체를 시험 제작한다. 각 부품을 붙이는 위치와 각도는 설계도를 충실하게 따른다. 뒤에서 시험 비행 결과를 보고 설계를 개량할 때, 설계도대로 시험 비행기를 만들지 않는다면 설계를 변경하는 과정에서 실수할 위험이 있기 때문이다.

시험 비행기를 완성했다면 시험 비행을 한다. 정상 활공 테스트부터 시작해서 균형과 안정을 확인한다. 상태가 좋지 않은 부분이 있으면 조정하고, 그 결과를 설계에 반영한다.

활공이 제대로 이루어지면 상승 테스트를 한다. 상승 테스트

그림 6-1 모형 비행기를 제작하는 순서

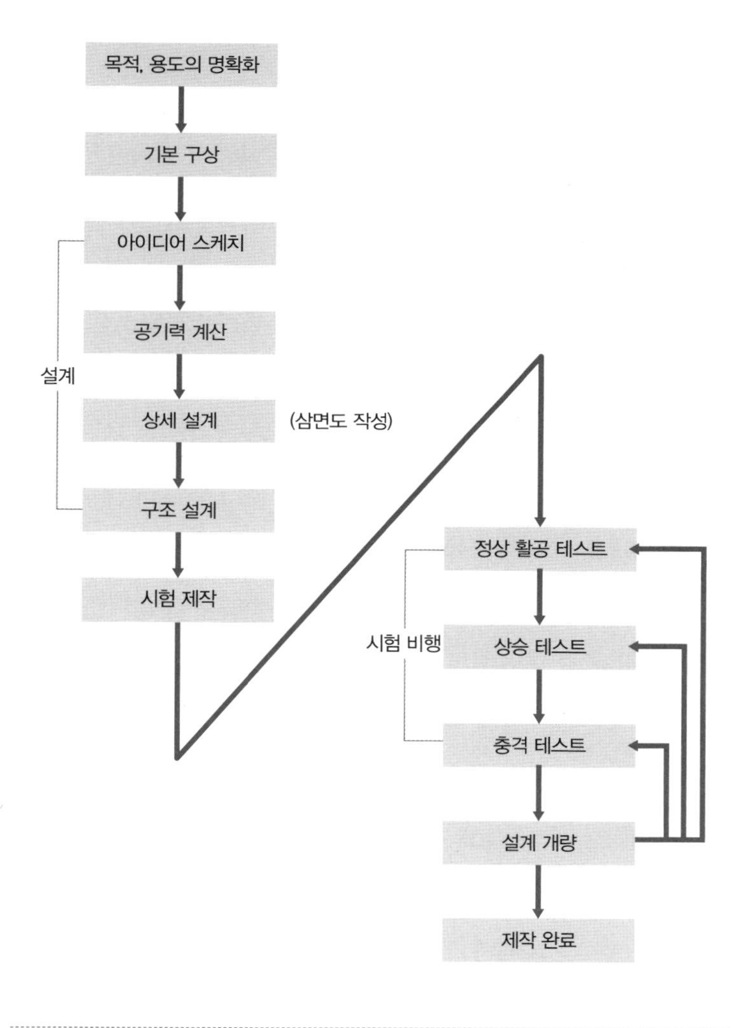

를 할 때는 상승 고도뿐만 아니라, 상승에서 활공으로 전환할 때의 비행 자세도 주의 깊게 관찰한다. 도달한 고도를 제대로 유지하면서 날고 있는지를 확인한다. 목표 체공 시간을 달성하지 못한다면, 원인을 가능한 한 많이 생각해본다. 상승 고도가 설계 목표에 도달했는지, 상승에서 활공으로 전환하면서 실속으로 고도를 잃지 않는지, 활공할 때 하강률이 너무 크지 않은지 등을 확인한다. 각 원인에 대응하는 조치를 한 후 그 효과를 확인하면서 설계를 수정해간다.

시험 비행 중에 기체 구조가 휘거나 부러지기도 한다. 이럴 때는 원인이 설계에 있는지, 제작에 있는지를 판단해서 해당 부분을 보강한다. 반대로 아무리 날려도 파손되지 않는다면, 지나치게 튼튼한 것이다. 이럴 때는 무게를 줄이기 위해 불필요한 재료를 제거한다. 적당한 힘으로 날렸을 때 파손되지 않을 정도면 된다. 마지막으로 가장 충격이 강한 착지를 상정해 그 기세로 기체를 지면이나 벽을 향해 날린다. 애써 만든 기체를 파손하는 것이라 아깝지만, 기체가 버티는 한계를 반드시 확인해야 한다.

이런 테스트를 반복해서 실시하고 상승 성능, 활공 성능과 체공 시간의 목표를 달성하면, 제작 과정에서 관찰하고 수정한 내용을 가능한 한 자세하게 노트에 기록해두는 것을 권장한다. 이런 기록은 체험으로 쌓은 소중한 '재산'이 된다.

설계는 아이디어 스케치부터

— 설계 첫 단계에서는 만들고 싶은 비행기를 프리핸드(자나 컴퍼스 등을 쓰지 않고 그리는 것-옮긴이)로 그린다. 단, 설계도 형태로 완성해야 하므로 한 종이에 측면도, 평면도, 정면도가 담기도록 배치를 한다. 각 그림의 중심선을 먼저 그린 후, 아이디어 스케치를 한다.(194쪽 그림 6-2) 눈금이 1mm인 모눈종이를 사용하면 편리하다.

아이디어 스케치는 측면도부터 그린다. 일반적인 모형 비행기는 길이와 너비가 20~25cm 정도다. 지금은 시험 비행기를 제작하므로, 시험 비행에서 변형이 생기지 않도록 비교적 작게 만든다. 전장은 22cm로 하고, 주날개 전연이 전장의 25~30% 지점에 오도록 한다. 주날개는 고익식으로 붙여 롤링 안정성을 높이고, 손에 쥐기 쉽게 만든다. 수평꼬리날개는 피칭 안정성을 높이기 위해 동체 뒤쪽에 설치한다. 수직꼬리날개의 위치는 수평꼬

그림 6-2 **시험 비행기 아이디어 스케치**

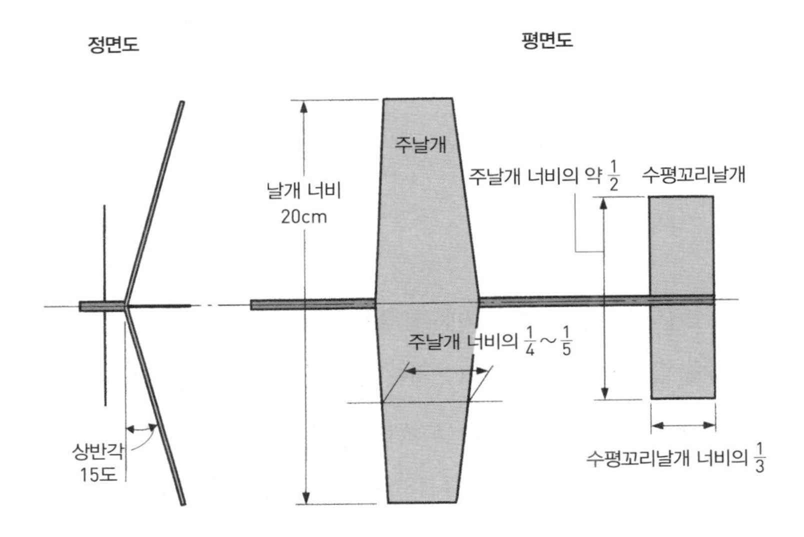

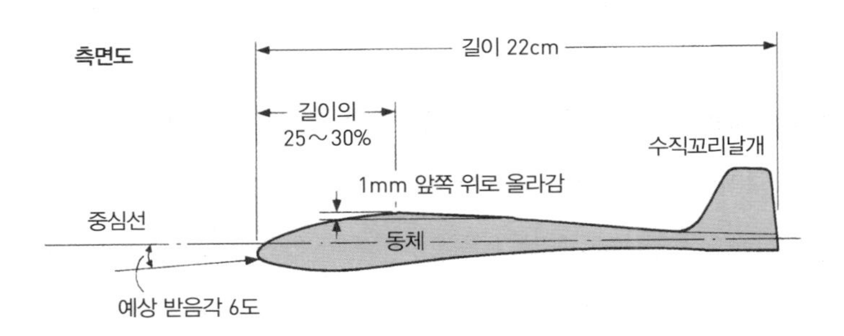

리날개와 동일하거나, 약간 앞에 둔다. 그 후, 동체 측면과 수직 꼬리날개를 원하는 형태로 그려본다. 수직꼬리날개는 주날개와 수평꼬리날개와 비슷한 형태로 맞춰 결정해야 전체적인 디자인이 통일되어 보인다.

동체에 주날개나 수평꼬리날개가 결합하는 부분을 그릴 때는 동체 앞뒤를 통과하는 중심선을 기준으로 한다. 주날개는 앞쪽 위로 약 1mm 정도 올라가게 그리고, 수평꼬리날개는 평행으로 그린다. 주날개와 수평꼬리날개의 익현선과 중심선이 이루는 각도를 '붙임각'angle of incidence이라 한다. 손으로 던져서 날린다면, 수평꼬리날개 위치는 동체의 위아래 어느 쪽이든 상관없다. 고무줄을 이용해서 날린다면, 고무를 고정하는 막대와 부딪히지 않도록 동체 위쪽에 설치한다. 활공하는 비행기에 닿는 바람 방향(받음각. 6도라고 가정함)도 기재한다.

다음으로 평면도를 그린다. 날개 너비는 동체 길이와 같거나 약간 짧게 한다. 주날개의 평면형에는 타원형, 테이퍼형, 직사각형 등 여러 모양이 있다. 공기 역학적으로는 타원형이 가장 우수하고, 테이퍼형이 그다음이다. 직사각형은 제작과 실속 특성 파악이 쉬워서 경비행기에서 많이 사용하지만, 모형 비행기에서는 발진할 때 큰 공기력을 받으므로 불리하다. 이번 설계는 테이퍼형으로 진행하며, 날개 너비는 강도 향상을 위해 20cm 정도로 좁게 만든다.

다음으로 수평꼬리날개의 평면형을 선택한다. 여기서는 너비는 주날개 너비의 절반으로, 평면형은 단순한 직사각형으로 한다. 이렇게 하면 발진할 때 받는 공기력이 작아져서 강도를 염려하지 않아도 된다. 물론 주날개와 같은 테이퍼형을 선택해도 상관없다.

주날개와 수평꼬리날개의 평면형을 정했다면, 동체에 부착하는 부분의 현 길이를 결정해야 한다. 주날개는 주날개 너비의 4분의 1에서 5분의 1, 수평꼬리날개는 수평꼬리날개 너비의 3분의 1 정도로 정하고 스케치한다.

마지막으로 정면도를 그린다. 모형 비행기는 주로 정면도에 상반각을 표시한다. 우리가 제작하는 비행기는 쉽게 만들기 위해 주날개 중앙 부분만 V자형으로 굽히는 '1단 상반각'을 사용하며, 고익식이라는 점을 고려하여 각도는 약 15도로 한다.

이제 만들고 싶은 모형 비행기의 형태가 분명해졌다. 지금부터는 간단한 계산을 하면서 기체 각 부분의 형태를 정확하게 결정한다.

주날개의 평면형 결정하기

— 가장 먼저 날개 면적을 결정한다. 이 작업은 경험을 어느 정도 참고해야 한다. 잘 만든 모형 비행기 설계를 조사해보면, 익면 하중은 대체로 9~10g/dm^2이다. 전장 22cm 정도인 비행기라면 완성 중량이 7g 정도이므로, 역산해보면 필요한 날개 면적은 0.64~0.78dm^2이다. cm^2로 환산하면 64~78cm^2 (여기서는 75cm^2)이 된다. 날개 너비가 20cm인 직사각형 날개라면 익현장은 3.75cm가 된다. 테이퍼 비 1.5인 테이퍼 날개라면, 주날개 중앙의 익현장은 4.5cm, 날개 끝은 3cm가 된다. 뒤에서 수평꼬리날개 면적을 결정할 때 평균 익현장이 필요하므로, 지금 계산해보면 3.75cm가 나온다.(74쪽 그림 2-10 참조)

주날개 후퇴각을 만들지도 결정해야 한다. 모형 비행기의 비행 속도를 생각하면 후퇴각은 필요 없고, 후퇴각이 있으면 종횡비가 감소하여 유도 저항이 커지므로 오히려 비행에 불리해진

그림 6-3 **주날개 평면형을 결정한다**

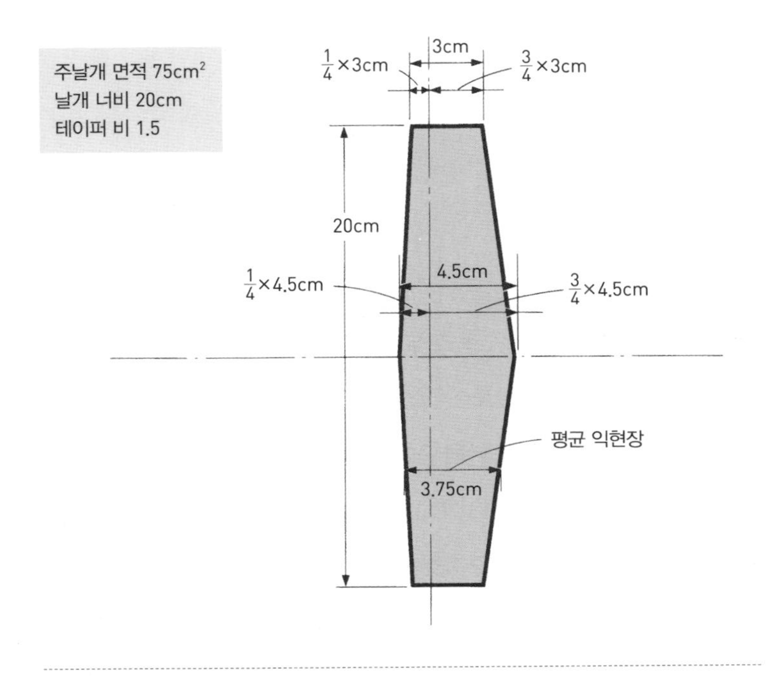

다. 하지만 후퇴각은 상반각과 마찬가지로 롤링 안정 효과가 있고, 디자인 관점에서 속도감을 줄 수 있다. 원한다면 약 10~15도 정도로 작게 만들어도 된다. 단, 이번 설계에서 후퇴각은 만들지 않는다.

이렇게 해서 주날개의 평면형을 그리는 데 필요한 모든 값이 정해졌다. 아이디어를 스케치한 종이에 주날개 평면형을 자를 사용해 정확하게 그린다. 앞에서 계산한 평균 익현장의 위치와 길이도 기재한다.(그림 6-3) 설계하는 과정에서 날개 너비와 면적을 정하고 날개 앞뒤 방향의 길이로 계산했다. 종횡비는 20÷3.75≒5.3이 된다. 일반적인 모형 비행기 종횡비는 4~6 정도다. 종횡비가 클수록 유도 저항이 감소하여 활공 성능이 좋아지고, 반대로 종횡비가 작아지면 발진할 때 빠른 초속을 견딜 수 있어서 상승 고도가 높아진다.

평면형을 결정하고 나면 익형을 선택한다. 모형 비행기의 익형은 종이 한 장을 굽힌 얇은 날개가 일반적이다. 익형의 특징은 캠버 최댓값(익현장에 대한 백분율로 표시), 최댓값일 때의 전후 방향 위치, 굽힌 정도의 분포로 결정된다.

같은 붙임각이라도 캠버가 클수록 발생하는 양력이 커져서 활공 성능이 좋아지지만, 발진 및 상승 시에는 저항이 커지므로 불리해진다. 일반적으로 캠버 최댓값은 익현장의 약 3%, 캠버 위치는 전연에서 익현장 방향으로 후방 30~40% 지점에 둔다. 이번 설계에서는 각각 3%와 40%로 설정한다.

무게중심 위치 선정과 수평꼬리날개 결정

— 주날개의 형태를 정한 다음에는 무게중심 위치를 정한다. 실제 비행기에서는 평균 익현장을 가지는 전연부터 평균 익현장의 약 25% 떨어진 후방에 무게중심을 두는 것이 보통이지만, 모형 비행기에서는 50~80% 정도 떨어지도록 설정한다.(그림 6-4) A에서는 주날개에 발생하는 공기력이 무게중심의 약간 뒤에 작용하므로 기수가 내려가려 한다. 기체를 수평 상태로 유지하기 위해서는 수평꼬리날개에서 마이너스 양력을 발생시켜야 한다. 한편 B, C에서는 주날개에서 발생하는 공기력이 무게중심 앞쪽에 있으므로 기수가 올라가려 한다. 이 경우에는 수평꼬리날개에서 플러스 양력을 발생시켜서 균형을 잡는다.

실제 비행기에서는 안정성과 조종성의 균형이 중요하므로, 모든 양력은 주날개에서만 발생한다. 수평꼬리날개에는 0 또는 마

그림 6-4 무게중심 위치 선정과 균형의 관계

W : 중량
L : 주날개의 양력
L_H : 수평꼬리날개의 양력

A. 무게중심 위치가 약 30%인 경우 $L - L_H = W$

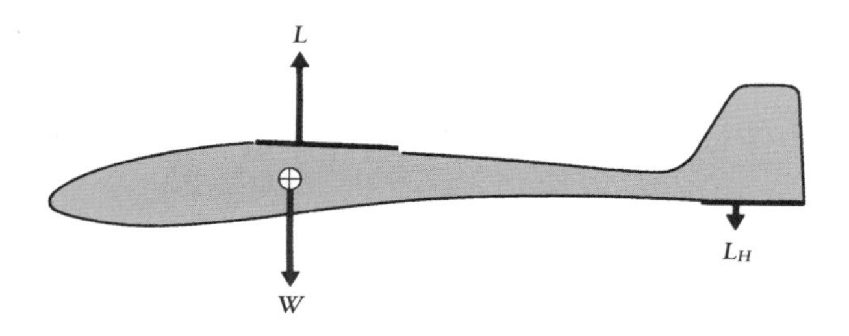

B. 무게중심 위치가 약 50%인 경우 $L + L_H = W$

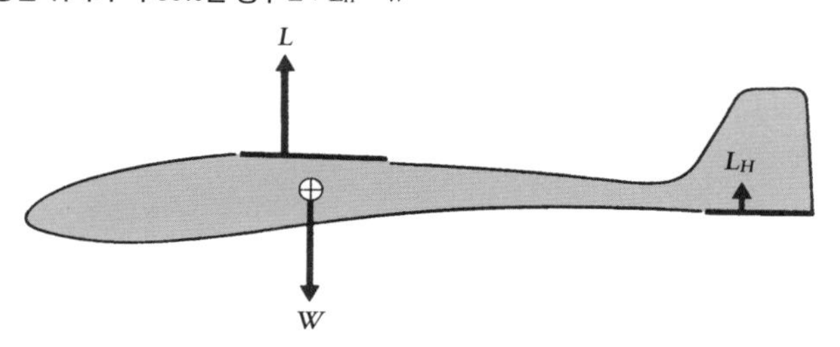

C. 무게중심 위치가 약 80%인 경우 $L + L_H = W$

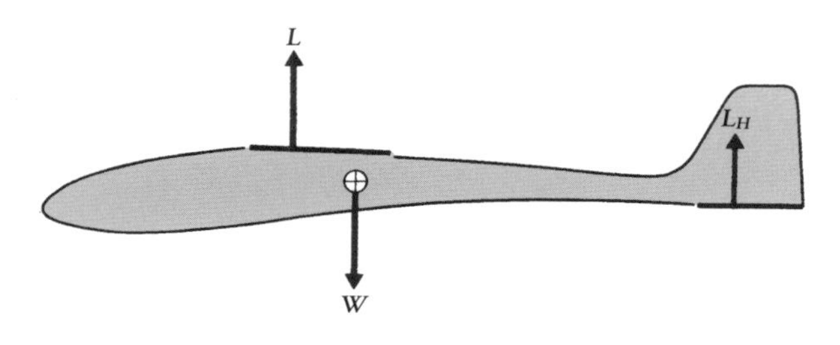

이너스 양력만 작용하도록 설계한다. 하지만 모형 비행기는 조종성이 필요 없으므로 수평꼬리날개에서도 양력을 발생시킨다. 주날개의 양력을 더한 전체 양력을 크게 만들어야 실질적인 익면 하중이 감소하고, 하강률이 작아져서 체공 시간을 늘릴 수 있다.

수평꼬리날개에 플러스나 마이너스 양력을 만들려면, 주날개의 붙임각 α와 수평꼬리날개의 붙임각 α_{H}의 차인, $\alpha-\alpha_{\mathrm{H}}$를 바꿔야 한다. 무게중심 위치가 30% 정도라면 이 각도 차이는 3~5도, 50% 정도라면 1~3도, 80% 정도라면 0~1도로 하면 된다.

지금 설계하는 시험 비행기는 체공 성능을 높이기 위해 무게중심 위치를 70%로 설정했다. 주날개 전연을 1mm 들어 올렸고, 수평꼬리날개는 중심선에 평행하므로 붙임각의 차 $\alpha-\alpha_{\mathrm{H}}$는 1.3이다.

이제 수평꼬리날개의 넓이를 결정한다. 기체 자세를 수평으로 유지하는 수직 방향 균형을 생각한다면, 주날개 양력과 수평꼬리날개가 부담하는 양력의 합이 기체 중량과 균형을 이루어야 한다. 무게중심(주날개에 작용하는 공기력으로 발생)이 기준이 되는 모멘트(물체를 회전시키는 힘의 작용)도 수평꼬리날개에 의한 모멘트와 균형을 이루어야 한다. 수직 방향 균형이 불안정해지면, 균형을 복원하려는 수직 방향 안정 작용도 필요하다.

그림 6-5 무게중심 위치와 수평꼬리날개 용적의 관계

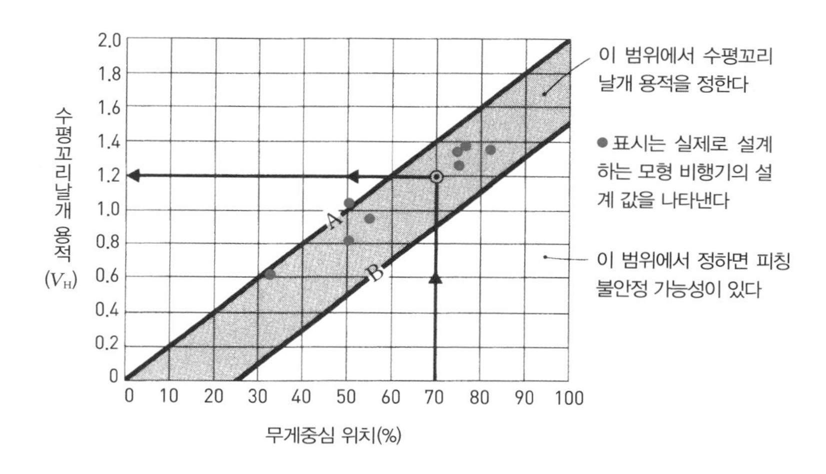

이를 위해 도입한 개념이 '수평꼬리날개 용적 V_H'이다. 수평꼬리날개 면적 S_H(cm³), 주날개 면적 S(cm²), 수평꼬리날개 모멘트의 팔moment arm(여기서는 무게중심에서 수평꼬리날개 평균 익현장 지점으로부터 익현장 방향 후방 30% 떨어진 지점까지의 거리) l_H(cm), 평균 익현장 $\overline{C}$(cm)를 사용하여 다음 계산식을 구할 수 있다.

$$V_H = \frac{S_H \times l_H}{S \times \overline{C}} \quad \cdots\cdots(5)$$

그림 6-5(203쪽)는 수평꼬리날개 용적을 이용해서 적합한 무게 중심 위치를 선정하는 기준을 보여준다. 그림에서 빗금 B의 오른쪽 아래 범위는 필자의 경험에 비춰볼 때 수직 안정이 부족할 가능성이 있다. 이 부분은 피하는 것이 좋다. 수직 안정이 부족해지면 승강키 각도 변화에 대한 양력 변화가 민감해진다. 수평꼬리날개가 어떤 이유로 아주 조금만 일그러져도 비행 자세가 극단적으로 변하거나, 조정을 위해 미세하게 구부리기만 해도 비행 성능이 예상 밖으로 변화하기도 한다.

반대로 빗금 A의 왼쪽 윗부분은 수직 안정이 과하다. 수직 안정이 충분해지면 조정하기에는 편하지만, 필요한 수평꼬리날개 면적이 커져서 중량이 증가한다. 이에 균형을 맞추기 위해 기수에 무게추를 더해야 하므로 활공 성능에는 좋지 않다.

다만 수평꼬리날개가 크면 기체가 상승할 때 키돌이 비행을 하려는 경향을 억제한다. 그러므로 충분한 발진 속도를 가진다면 수직 회전 반경이 길어져서 높이 상승할 수 있다는 이점이 있다.

결론적으로 빗금 A와 B 사이의 범위에서 무게중심 위치와 수평꼬리날개 용적의 조합을 고르는 것이 좋다. 경험상 잘 날았던 모형 비행기의 설계 값에 • 표시를 해두었다. 무게중심 위치를 근거로 필요한 수평꼬리날개 용적을 구하고, 식(5)(203쪽)를 사용해 필요한 수평꼬리날개의 '면적'을 역산한다.

이번 장에서 진행하고 있는 설계에서는 무게중심 위치가 70% 이므로, 필요한 수평꼬리날개 용적은 그림 6-5의 0.9~1.4 범위 내에서 고르면 된다. 시험 비행기이므로 수직 방향 안정성을 높이고 조정을 쉽게 하기 위해 1.2로 정한다. 그러면 주날개 면적 75cm^2, 모멘트의 팔 10.5cm, 평균 익현장 3.75cm을 사용해 수평꼬리날개 면적을 구하면 32.1cm^{2}가 나온다. 수평꼬리날개 너비를 10cm로 하면, 익현장은 3.2cm가 되므로 종횡비는 3.1이 된다. 이렇게 수평꼬리날개가 정해지면 자를 이용하여 아이디어 스케치의 평면도를 정확하게 그린다.

수직꼬리날개 형태 결정과 측면도 및 정면도 완성

— 주날개와 수평꼬리날개에서 결정한 내용을 측면도와 정면도에도 반영한다. 주날개가 동체와 결합하는 부분의 익현장은 4.5cm이므로 측면도에 이 내용을 반영하고, 수평꼬리날개의 익현장도 계산해서 3.2cm로 수정한다. 주날개 익형은 위로 불룩하게 휘어진 원호를 조합한 얇은 익형이며, 최대 캠버는 앞서 선정한 대로 익현장의 3%로 한다. 수평꼬리날개 익형은 평판으로 해도 괜찮지만, 양력을 발생시키기 위해 수평꼬리날개 익현장의 1% 정도 되는 작은 캠버를 만들어본다.

아직 수직꼬리날개의 형태는 아이디어 스케치 상태로 남아 있다. 수직꼬리날개에도 수평꼬리날개와 마찬가지로 '수직꼬리날개 용적 V_V'이라는 값이 있다. 수직꼬리날개 면적 S_V(cm²), 주날개 면적 S(cm²), 수직꼬리날개 모멘트의 팔 l_V(cm), 주날개 너비 b(cm)를 사용해서 $V_V = (S_V \times l_V) \div (S \times b)$라는 식으로 계산할 수 있지만, 엄밀한 기준으로 참고하기에는 충분하지 않다. 모형 비행기는 동체가 평평한 판 형태라서 수직꼬리날개처럼 방향 안정에 영향을 줄 수 있기 때문이다.

가장 효율적인 방법은 수직꼬리날개의 면적을 수평꼬리날개 면적의 3분의 1 정도로 만든 다음, 시험 비행하면서 조금씩 잘라가며 가장 적합한 값을 찾아내는 것이다. 수직꼬리날개의 역할은 방향 안정을 얻는 것이지만, 방향 안정이 지나치면 앞서 소개한 나선 강하 상태에 빠지기 쉽다.

그러므로 수직꼬리날개 면적은 방향 안정을 잃기 직전까지 줄이는 편이 좋고, 이렇게 만들어야 뒤에서 소개할 '실속 회복'(상승하고 나서 실속을 한 직후, 고도를 잃지 않고 바로 활공 자세로 전환하는 움직임)도 좋아진다. 단, 수직꼬리날개 면적이 너무 작으면 발진할 때 방향이 안정되지 않거나 활공 중에 더치롤을 일으킨다. 수직꼬리날개는 어떤 크기로 만들더라도 모형 비행기의 디자인에 개성을 부여하므로, 필요한 면적이 정해지면 원하는 형태로 만들어도 된다.

마지막으로 정면도를 수정한다. 주날개 상반각은 각도기로 측정하여 정확하게 15도로 만들고, 날개 너비는 치수대로 기재한다. 수평꼬리날개의 너비도 계산대로 정확하게 기재한다. 이제 삼면도를 완성했다.

비행기 구조 설계

— 삼면도를 완성한 다음에는 구조를 생각한다.(그림 6-6) 모형 비행기가 비행 중에 가장 큰 하중을 받을 때는 발진할 때와 착지할 때다.

발진할 때 하중이 가장 강하게 작용하는 곳은 주날개 가운데다. 이 부분은 켄트지 두 장을 겹쳐서 만든다. 동체 켄트지에 풀칠을 해서 튼튼하게 주날개를 접착한다. 수평꼬리날개와 수직꼬리날개도 같은 조건이지만, 면적이 작으므로 켄트지 한 장으로도 충분하다.

동체도 발진할 때 큰 하중을 받는다. 손으로 던지면 팔의 회전, 손목 스냅, 어깨와 허리 비틀림이 동시에 일어난다. 동체를 옆으로 구부리려는 강한 힘이 작용해서 동체가 순간적으로 휘어져 비행 방향이 불규칙해지기도 한다. 이 문제를 해결하려면, 동체를 튼튼한 적층 구조(켄트지 여러 장을 겹친다.)로 만들어서 강도와 강성

그림 6-6 모형 비행기의 구조를 정한다

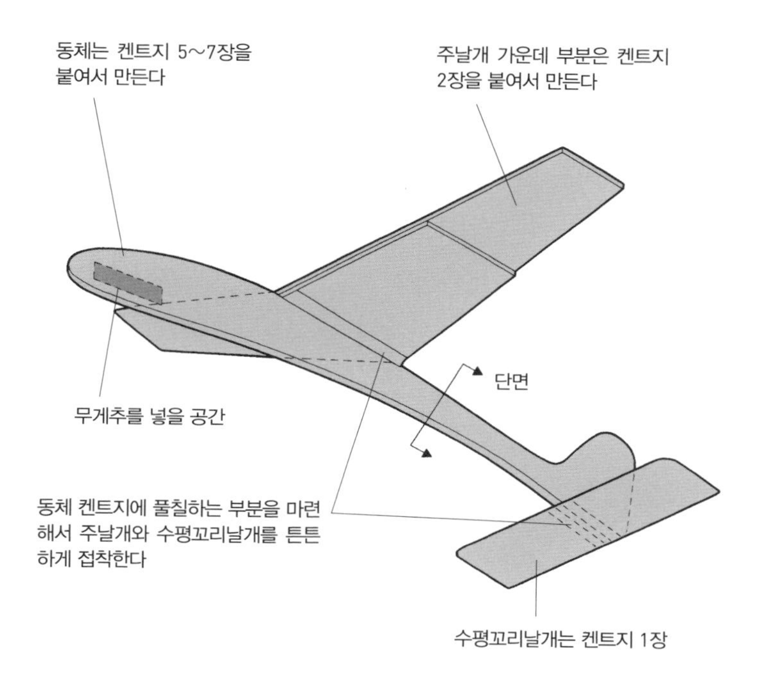

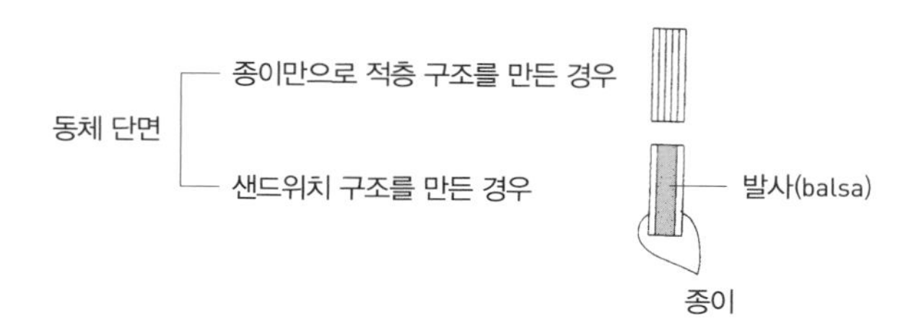

을 높여야 한다. 기수 부분에는 균형을 위해 무게추를 설치할 공간을 만들어둔다.

착지할 때 하중이 큰 상황은 상공에서 큰 각도로 추락하거나 활공 중에 서 있는 나무나 벽에 충돌할 때다. 이때는 동체가 파손될 가능성이 크다. 동체 앞이나 주날개와 꼬리날개가 동체와 이어지는 부분, 또는 양쪽 날개가 이어지는 가운데 부분이 휘어지거나 접히게 된다. 이런 하중에도 견딜 수 있게 만들어야 한다.

기수부터 충돌하면 충격 하중은 동체 앞부분으로 갈수록 커지므로, 앞부분에 켄트지를 여러 장 덧붙여서 두껍게 만든다. 반대로 기수에서 멀어질수록 동체를 가늘게 만들고, 덧붙이는 켄트지 숫자를 줄이는 것도 좋은 방법이다. 활공 중에 서 있는 나무에 충돌한다면, 주날개 전연도 부서지기 쉽다. 성능을 생각한다면 주날개 전연을 두껍게 만드는 것은 좋은 방법이 아니지만, 여러 번 사용할 수 있는 내구성을 중요시한다면 이 부분을 보강해야 한다.

모형 비행기를 제작할 때 가장 어려운 부분이 동체다. 몇 장이나 되는 켄트지를 서로 어긋나지 않게 덧붙여야 하고, 완성한 후에 조금이라도 휘어지면 비행 중에 접힐 우려가 있다. 이런 문제를 해결할 수 있는 방법을 소개한다. 두꺼워져서 저항은 약간 증가하지만, 만들기 쉽고 잘 휘어지지 않으며 가볍다는 장점이 있다. 전부 켄트지로 덧붙이는 대신, 바깥의 두 장만 켄트지를 사용하고, 그 사이에는 두께 2mm 정도인 발사balsa(가볍고 단단해서 모형 비행기 제작에 이용하는 나무 – 옮긴이)판을 끼우는 구조다. 이것을 '샌드위치 구조'라고 한다. 이런 구조로 제작할 때는 켄트지를 기수부터 기미(꼬리)까지 동체 전체에 걸쳐 붙이는 것이 중요하다.

제작할 때 주의해야 할 주요 사항

— 기체 구조를 만들 때는 제도용 켄트지를 사용한다. 켄트지 두께를 표시할 때는 '150g'이나 '200g'이라는 표현을 사용하는데, 이것은 전지 사이즈(4×6판, 1090mm×788mm)인 켄트지 한 장의 무게를 나타낸다. 모형 비행기는 보통 180g 정도에 표면이 평평하고 비교적 얇아서 탄력이 좋은 켄트지를 사용한다.

켄트지를 사용할 때 주의해야 할 점은 종이 내부에 있는 섬유 배열 방향(종이의 세로 방향)이다. 종이의 섬유는 제지 공정에서 잡아당겨지는 방향을 따라서 늘어선다. 이 방향의 수직(종이의 가로 방향)으로 접으려 하면 저항(탄력성)이 강해 제작이 수월하지 않다. 그러므로 종이로 비행기를 만들 때, 날개는 너비 방향, 동체는 전후 방향으로 종이의 섬유 배열 방향을 맞추면 강도를 높일 수 있다.

접착제로는 셀룰로오스 접착제(세메다인 C가 대표적)를 사용한다.

강도가 중요한 곳은 2액형 에폭시 수지 접착제를 사용하기도 한다. 순간접착제(시아노아크릴레이트계)도 직선으로 굽힌 부분을 고정하거나 부분적으로 보수할 때 편리하게 사용할 수 있다.

제작할 때는 먼저 각 부분을 삼면도에서 켄트지로 옮겨 그린 다음 잘라낸다. 옮겨 그릴 때는 연필심을 뾰족하게 다듬어서 도면대로 정확하게 그려야 한다. 잘라낼 때에도 도면의 가느다란 선의 한가운데를 자른다는 기분으로 가위를 움직여야 한다. 제작 요령을 몇 가지 소개하면 다음과 같다.

1. 조립하기 전에 각 부품을 붙이고, 건조하는 순서를 미리 정한다.
2. 가위로 자른 직후에는 부품이 휘거나 비틀어지기도 하므로, 반드시 한 장씩 평평하게 한 다음에 접착한다.
3. 접착제는 충분한 양을 각 부품의 구석구석까지 골고루 재빠르게 발라서 붙인다. 접착제를 지나치게 많이 사용한 부분은 접착제를 바깥으로 잘 밀어내어 제거한다.
4. 주날개와 동체는 각각 접착이 끝났으면 평평한 판 위에 올려서 건조한다. 동체처럼 몇 장이나 되는 켄트지를 덧붙일 때는 한 장씩 붙일 때마다 잘 건조한 후, 다음 켄트지를 붙여야 한다.

5. 주날개와 동체의 부품이 건조되었으면, 각각을 도면대로 정확하고 확실하게 접착해서 조립한다. 무게추로 사용하는 납판lead plate은 무게중심 위치가 설계한 대로 설정될 수 있도록 기수의 '무게추 공간'에 삽입한다.
6. 여기까지 끝나면, 사포를 사용해서 가장자리를 다듬고 용제로 묽힌 투명 래커를 기체 전체에 바른다.
7. 마지막으로 기체 중량을 측정해서 기록해둔다.

완성한 기체를 당장 날리고 싶겠지만, 점검 단계를 거쳐야만 한다. 동체에 주날개와 꼬리날개가 완전하게 접착되어 있는지, 흔들리지는 않는지, 동체가 휘어져 있는지, 주날개와 수평꼬리날개가 비틀어지거나 좌우 대칭이 어긋나 있지는 않은지, 주날개와 수평꼬리날개의 붙임각은 정확한지, 주날개 상반각은 정확한지, 동체에 대한 주날개의 상반각이 좌우 균형을 이루는지, 캠버값과 무게중심 위치가 설계한 대로인지 등을 점검한다.

점검할 때는 관찰하는 방향과 점검해야 하는 항목을 미리 정하고 체계적으로 진행해서 놓치는 부분이 없도록 한다. 상태가 좋지 않은 부분을 발견하면 바로 수정한다.

시험 비행을 진행하는 방법

— 모형 비행기는 언제나 발진, 상승, 활공, 착지라는 순서로 비행한다. 각 비행 상태가 확실하게 이루어진 후, 다음 상태로 이어져야만 우수한 성능을 기대할 수 있다. 게다가 진짜 비행기와는 달리 모형 비행기는 비행 중에 조종할 수 없다. 모든 비행 상태를 실현하기 위한 조정을 발진 전에 미리 마쳐야 한다.

조정은 시험 비행을 진행하면서 순서를 잘 고려해서 실시한다. '상승 시간'이란 손으로 던진 기세가 없어질 때까지 걸리는 시간을 의미하며, 기껏해야 2~3초 정도에 불과하다. 그러므로 수십 초 동안이나 체공하게 하려면 활공 단계에서 시간 대부분을 보내야 한다. 그래서 활공 조정을 가장 먼저 시행한다. 먼저 직진 활공이 가능하도록 조정하고, 다음으로 선회 활공이 가능하도록 조정한다.

활공 조정이 끝나면 상승 비행 조정을 시행한다. 가능한 한 높이 올라가는 것이 목표지만, 활공 성능을 얻는 데 필요한 조정과 상승 고도를 얻기 위한 조정이 동시에 성립하지 않을 수도 있다. 이런 상황이 발생하면, 조정할 부위를 변경하고 다시 조정해서 두 조정이 양립할 수 있는 조건을 찾아낸다. 그리고 상승에서 활공으로 전환할 때의 '실속 회복' 조정을 잊어서는 안 된다. 겨우 상승했는데 정점에서 실속해 고도를 잃어버리면 아무것도 이룰 수 없다.

조정할 때는 한 번에 한 곳씩만 조정한다. 동시에 여러 곳을 조정하면 어떤 조정이 비행기의 움직임에 영향을 미쳤는지 확인할 수 없다. 비행 자세가 이상할 때는 반드시 조정한 후에 날린다. 아무런 조정도 하지 않고 비행기를 다시 날리면 어떠한 개선도 이루어지지 않으며, 기체를 망가뜨릴 뿐이다.

실외에서 시험 비행을 할 때는 잔디밭처럼 착지 충격이 적은 곳에서 실시한다. 아스팔트로 포장된 곳은 기체가 망가질 위험이 있으므로 피한다. 날릴 때는 근처에 있는 사람이나 물체에 부딪히지 않도록 안전에 특히 주의한다. 무엇보다도 바람이 없어야 한다. 조정은 기체의 비행 자세를 관찰하고 그 원인을 생각하면서 실시해야 하므로, 바람이 있으면 기체 운동이 바람 때문인지 기체 고유의 특성인지 파악하기가 어렵다.

그림 6-7 모형 비행기를 조정하는 부분

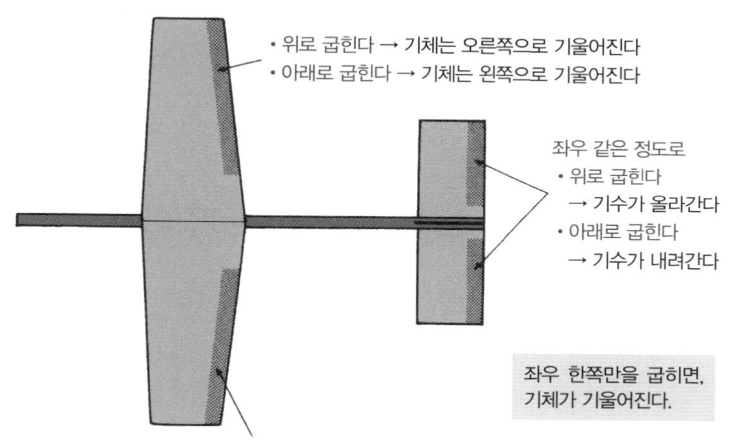

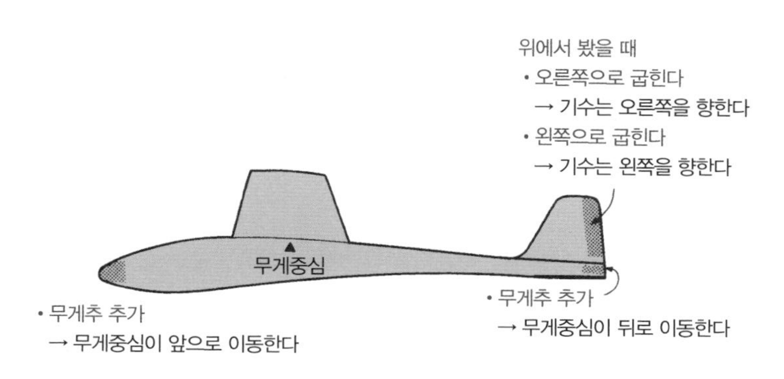

이제 기체의 어느 부분을 만져서 조정하는지를 설명하겠다. 기본적으로는 4장에서 설명한 진짜 비행기의 키가 있는 곳과 같은 부분을 조정한다. 즉 모형 비행기 조정은 주날개와 꼬리날개에서 발생하는 공기력을 변화시키는 작업이라는 점을 잘 이해해야 한다.

공기력은 면적, 속도, 받음각, 캠버에 따라 변하지만, 조정은 주로 받음각(실제로는 붙임각)이나 캠버를 동시에 또는 어느 한쪽만 변화시켜 실시한다.

그림 6-7(217쪽)에 기본적인 조정을 시행할 때 조작하는 부분을 검은색으로 표시했다. 주날개의 좌우 양쪽 끝 후연과 수평꼬리날개의 후연은 위 또는 아래로 굽히고, 수직꼬리날개 후연은 왼쪽이나 오른쪽으로 굽혀서 기체의 비행 자세를 바꾼다. 양력 자체를 증가시키려면 주날개의 캠버에 변화를 주거나, 주날개 좌우를 동시에 비틀어서 붙임각을 바꾼다.

무게중심의 위치도 모형 비행기에서 중요한 조정 요소 중 하나다. 기수에 무게추를 추가하면 무게중심이 전진하고, 기미(꼬리)에 추가하면 무게중심은 후퇴한다. 이 밖에도 상반각을 변화시키는 방법도 있다.

조정이 마무리 단계에 들어서면, 실제 비행기에서는 할 수 없는 방법으로 키를 조작할 수도 있다. 모형 비행기에서는 승강키

부분의 한쪽만 굽힐 수도 있다. 동체에 가까운 부분을 굽힐 때와 동체에서 먼 부분을 굽힐 때의 효과는 서로 다르다. 도움날개 부분도 좌우 한쪽만 사용할 수 있다. 게다가 날개 끝부분을 굽힐 필요 없이 좌우 한쪽의 가운데 부분만 굽힐 수도 있다.

그러므로 조정 중에 기체를 들어 올릴 때는 반드시 동체 앞쪽의 튼튼한 부분을 잡아야 한다. 아무 생각 없이 주날개나 꼬리날개를 잡으면 이전에 실시한 조정이 모두 물거품이 되어버리기 때문이다.

이렇게 각 요소를 조정해서 가장 뛰어난 성능을 내는 것이 목표다. 하지만 처음부터 잘 날리려고 하지 말고, 각 키를 체계적으로 수정해서 조작한 부분과 비행 자세 변화를 잘 파악하는 것이 좋다. 멀리 돌아가는 것처럼 보일 수도 있지만, 결과적으로는 이렇게 해야 오히려 조정을 빨리 진행할 수 있다.

직진 활공

— 활공 시험을 할 때는 동체 무게중심 근처를 잡고, 눈높이에서 기수가 눈높이의 약 6~7배 떨어진 앞쪽 지면을 향하도록 겨냥한다. 활공 속도에 가까운 빠르기로 팔 전체를 사용해서 살짝 밀어내듯이 던진다.(그림 6-8) 활공 시험을 할 때는 결코 손목 스냅을 사용해서는 안 된다. 손목 스냅을 사용하면 비행 방향과 속도를 정밀하게 조절할 수 없기 때문이다. 발진부터 착지까지 비행 방향과 자세 변화를 잘 관찰한다.

먼저 진행 방향의 휘어짐과 기체의 좌우 기울어짐이 있는지 관찰한다. 이런 자세는 기체에서 좌우 대칭이 깨진 경우에 흔히 볼 수 있다. 주날개와 수평꼬리날개 좌우에 서로 다른 비틀림이 생기지 않았는지, 동체가 휘어지지 않았는지를 확인한다. 비틀어지거나 휘어지지 않았는데도 기울어진 자세가 고쳐지지 않는다면, 좌우 중량이 다른 것이 원인일 수 있으므로 확인해본다.

그림 6-8 **모형 비행기의 활공 시험 방법**

1. 눈높이에서 약간 아래를 향하고 팔 전체를 사용하여 밀어내듯이 똑바로 던진다. (결코, 손목 스냅을 사용하지 않는다.)

2. 먼저 비행기 진행 방향을 관찰한다.

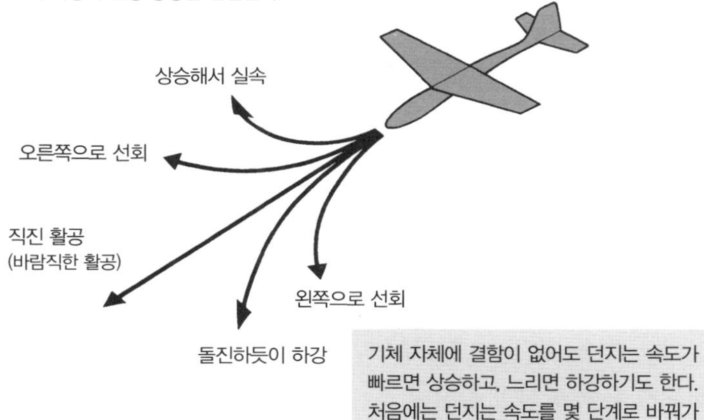

기체 자체에 결함이 없어도 던지는 속도가 빠르면 상승하고, 느리면 하강하기도 한다. 처음에는 던지는 속도를 몇 단계로 바꿔가며 시험해보기를 권한다.

3. 다음으로 기체의 비행 자세를 관찰해서, 롤링과 요잉이 발생하는지를 관찰한다.

4. 조정할 때는 롤링과 요잉에 대한 조정을 하나씩 시행한다. 비행 자세를 고친 후 진행 방향을 조정하고 직선으로 날 수 있도록 한다.

수정하고 나서 다시 활공 시험을 한다. 완전하게 직진하는 것을 확인했다면, 피칭이나 다이빙 조정을 시행한다. 피칭이 발생한다면 수평꼬리날개 뒷부분을 약간 아래로 굽히고, 다이빙이 발생하면 같은 부분을 약간 위로 굽힌다.

활강 속도가 어느 정도일지 잘 파악하지 못하면, 던지는 속도가 부족해서 피칭이나 다이빙이 일어날 수 있다. 이때에는 승강키 부분을 굽히는 조정을 해서는 안 된다. 의식적으로 던지는 속도를 바꿔가며 비행 자세를 관찰하고 적당한 활공 속도에 대한 감각을 익힌다. 그 후 수평꼬리날개 조정을 시행한다.

피칭이나 다이빙은 무게추를 사용해서 수정할 수도 있다. 피칭 대책으로는 기수에 무게추를, 다이빙 대책으로는 동체 뒷부분에 무게추를 추가한다. 활공 시험 단계에서는 권장하지 않는 방법이다. 어디에 무게추를 추가하더라도 중량이 증가해서 성능이 나빠지고, 특히 동체 뒷부분에 추가하면 무게중심 위치가 후퇴해서 수직 방향의 안정이 부족해지는 경향이 있기 때문이다.

주날개가 좌우로 기울지 않고 수평을 유지하며 직진 활공하는 것처럼 보여도, 위에서 보면 기체가 진행하는 방향에 대해 비스듬하게 미끄러지듯 날아가는 경우도 있다. 옆으로 미끄러지는 이유는 수직꼬리날개 비틀어짐이나, 동체 휘어짐 때문이다. 원인을 찾았으면 바로 수정한다. 표 6-1에 기체가 왼쪽으로 휘어져

표 6-1 기체 진행 방향과 자세 변화에 영향을 주는 원인

기체가 왼쪽으로 휘어져서 비행하는 원인

1. 왼쪽 주날개가 비틀어져 내려갔다.(전연이 후연보다 내려갔다.)
2. 오른쪽 주날개가 비틀어져 올라갔다.(전연이 후연보다 올라갔다.)
3. 왼쪽 주날개 캠버가 오른쪽 주날개보다 작다.
4. 왼쪽 주날개가 오른쪽보다 무겁다.
5. 왼쪽 주날개 면적이 오른쪽보다 작다.
6. 동체가 왼쪽으로 약간 휘어졌다.
7. 수직꼬리날개 후연이 왼쪽으로 휘어졌다.
8. 기미에서 보면 동체가 오른쪽으로 비틀어졌다.(수평꼬리날개 오른쪽이 내려간 것처럼 보인다.)
9. 기미에서 보면 수평꼬리날개 오른쪽이 내려간 것처럼 보이는 상태로 동체에 붙어 있다.
10. 왼쪽 수평꼬리날개가 비틀어져 내려갔다.
11. 오른쪽 수평꼬리날개가 비틀어져 올라갔다.
12. 던질 때 기체를 왼쪽으로 기울였다.

기수가 내려가는 원인

1. 무게중심이 지나치게 앞에 있다.(기수가 무겁다.)
2. 주날개가 부착된 위치가 지나치게 뒤쪽이다.
3. 주날개 붙임각이 지나치게 작다.
4. 주날개가 좌우 모두 비틀어져 내려갔다.
5. 주날개 캠버가 좌우 모두 지나치게 작다.
6. 수평꼬리날개 붙임각이 지나치게 크다.
7. 수평꼬리날개가 좌우 모두 비틀어져 올라갔다.
8. 주날개와 수평꼬리날개의 붙임각 차이가 지나치게 작다.
9. 동체 뒷부분이 지나치게 작다.
10. 던지는 속도가 지나치게 느리다.
11. 던질 때 기체를 지나치게 아래로 향했다.

서 비행하거나 다이빙하는 원인으로 생각할 수 있는 전부를 열거했다. 오른쪽으로 휘거나 피칭이 발생하는 원인은 이 표에서 오른쪽과 왼쪽, 위와 아래를 바꿔서 읽으면 된다.

동체가 진행 방향을 향하고 기체가 좌우로 기울어지지 않은 채, 마치 공중에 있는 일정한 각도의 경사면 위를 일정한 속도로 내려가는 것처럼 비행하는 '정상 활공'을 하면 직진 활공 조정은 일단락된다.

선회 활공

— 모형 비행기 체공 비행에서는 선회 비행을 해보는 것이 일반적이다. 비행 범위를 한정하여 상승 기류에서 가능한 한 오래 체류해서 비행 시간을 늘리고, 상승에서 활공으로 부드럽게 전환하게 하기 위함이다.

선회 반경이 작을수록 상승 기류를 타서 체류하기 쉽지만, 선회 중 뱅크각을 키워야 하므로 중력과 균형을 이루기 위해 여분의 양력을 발생시킬 필요가 있다. 저항과 하강률이 증가해서 체공 성능이 떨어지면 나선 강하에 빠지기도 쉽다.

실제 비행기의 선회 조종법을 생각해보자. 먼저 도움날개를 조작해서 기체를 기울어지게 하고, 옆으로 미끄러지는 것을 방지하기 위해 방향키를 굽힌다. 선회를 시작하면 도움날개를 약간 원래대로 되돌려서 기체의 뱅크각을 일정하게 유지한다. 이때 양력의 작용 방향이 기울어져서 기체 중량을 지탱하는 성분이 감소하므로, 기체 하강을 방지하기 위해 승강키를 아주 약간 올려서 받음각을 크게 만든다. 그 결과로 저항이 늘어나는 만큼 엔진 출력을 올려야 한다.

모형 비행기에서 각 키를 실제 비행기처럼 굽히면, 기체는 기울어져서 선회하지만, 서서히 그 경사가 커져서 기체는 선회하면서 급강하한다. 실제 비행기에서 실시하는 조작이 모형 비행기에서는 불가능하기 때문이다.

그래서 모형 비행기에서는 고유의 선회 조정법을 생각해야만 한다. 오른손으로 비행기를 날린다면, 왼쪽 선회를 조정한다. 지금부터 설명하는 내용은 오른손으로 던지는 것으로 상정한다. 왼손잡이라면 오른쪽과 왼쪽을 바꿔서 이해하면 된다.

일반적으로 사용하는 방법은 방향키 부분을 아주 약간 왼쪽으로 굽히는 방법이다. 수평꼬리날개를 동체에 부착할 때, 뒤에서 봐서 오른쪽이 왼쪽보다 낮아지도록 기울여서 부착하는 방법도 있다. 이 방법은 모형 비행기에 양력을 발생하는 꼬리날개를 사용할 때 적용할 수 있는 선회법이다. 수평꼬리날개가 기울어져 있으므로, 발생하는 양력 일부가 기체 뒷부분을 움직이는 역할을 한다.

이런 방법으로 조정하면 모형 비행기는 Z축(91쪽 그림 3-1 참조)을 중심으로 기수가 왼쪽으로 돌아가므로, 오른쪽 날개에 닿는 기류 속도가 기체 속도보다 빨라진다. 왼쪽 날개에 닿는 기류 속도는 기체 속도보다 느려진다. 그 결과 오른쪽 날개의 양력이 왼쪽 날개의 양력보다 커져서 기체는 왼쪽으로 기울어져서 옆으로 미끄러진다. 옆으로 미끄러지면 이번에는 상반각 효과로 인해 왼쪽 날개의 받음각이 오른쪽 날개의 받음각보다 커져서 기체가 왼쪽으로 더 기울어지는 것을 막는다. 이렇게 두 작용이 균형을 이루면 일정한 뱅크각으로 '정상 선회'를 계속할 수 있다. 왼쪽으로 지나치게 기울어지면, 왼쪽 도움날개 부분을 아주 약간 아래로 굽히면 된다. 직진 활공할 때보다 하강률이 증가하면, 승강키 부분을 위로 굽힌다.

이렇게 해서 기체가 아주 약간 왼쪽으로 선회하면서도 더 기울어지지 않은 채로 일정한 자세와 하강률로 비행하면, 선회 활공 조정은 끝난다.

하강률을 최소화하는 조정법

— 활공 상태에서 받음각과 하강률 사이에는 일반적으로 그림 6-9와 같은 관계가 있다. 받음각을 크게 하면 하강률은 줄어들고, 특정 받음각에서 하강률은 최솟값을 가진다. 이 상태에서 받음각을 키우면 하강률은 다시 증가한다. 그러므로 하강률을 최소로 만들기 위해서는 먼저 활공 상태에서의 받음각을 알아야 한다. 받음각을 알기 위해서 그림 6-10처럼 지평선에 대한 활공각 θ(세타)와 기체 자세를 나타내는 각도 δ(델타)를 측정하고 두 각의 차이에서 받음각 α를 구한다.

모형 비행기라면, 받음각이 6도 부근일 때 하강률이 가장 작다. 활공 테스트를 하며 관찰한 받음각이 6도보다 작다면, 받음각을 조정해서 정상 활공을 시행해야 한다.

기수의 무게추 양을 줄이거나 기미에 무게추를 더해 무게중심 위치를 뒤로 이동시키기만 하면 피칭이 발생할 수도 있다. 그럴

그림 6-9 받음각과 하강률의 관계

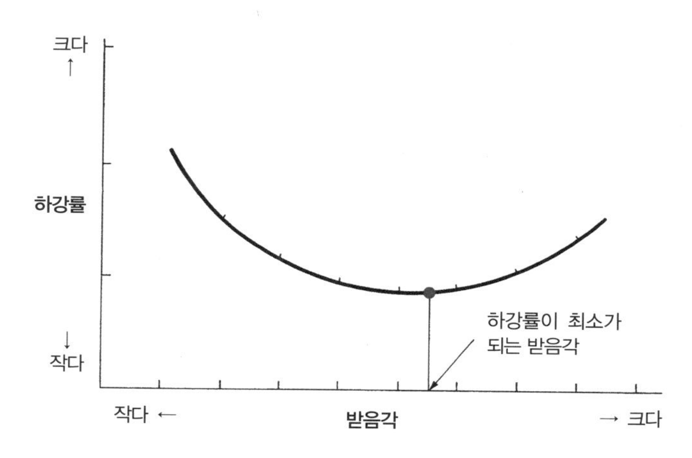

그림 6-10 활공 상태의 받음각을 추정하는 방법

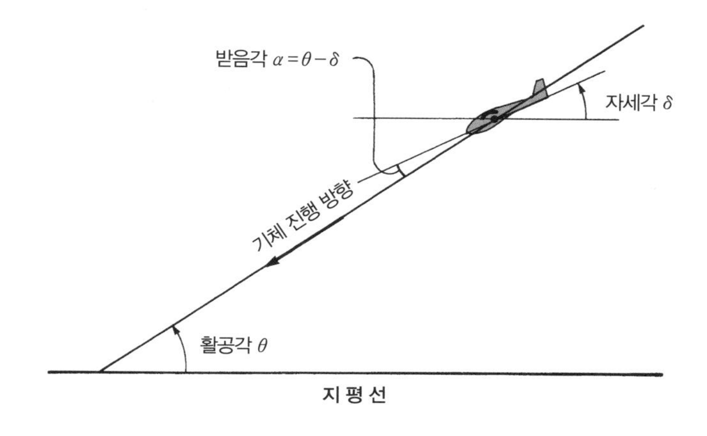

때는 수평꼬리날개의 승강키 부분을 아래로 굽혀서 균형을 잡은 다음, 받음각을 다시 관찰한다. 목표로 한 받음각에 도달할 때까지 이 과정을 반복한다. 이 과정에서는 활공 시험뿐만 아니라, 뒤에서 설명할 상승 시험도 반드시 함께 시행하면서 받음각을 정해야 한다.

무게중심 위치를 후퇴시키면 상승하는 데는 도움이 된다. 하지만 수직 방향 조정에 민감해지거나, 피칭 불안정성이 커지는 현상도 함께 발생한다. 활공 비행할 때는 불안정한 현상이 나타나지 않다가도 빠른 속도로 발진한 직후에 불안정성이 나타날 수 있기 때문이다. 피칭 불안정성이 나타나면 수평꼬리날개 면적을 늘리거나 무게중심 위치를 새롭게 설정해서 조정점을 찾아야 한다.

높게, 더 높게 상승시키는 방법

— 활공 조정이 끝나면 상승 조정을 한다. 모형 비행기를 손으로 던지면, 얼마나 높이 올라갈 수 있을까? 야구공을 던지는 상황을 생각해보자. 같은 속도면 공을 머리 위로 똑바로 던질 때 가장 높이 올라간다. 공기 저항이 없다고 가정한 후, 공이 도달하는 고도를 h(m), 던질 때의 발진 속도를 V(m/s)라고 하고, 중력 가속도를 9.8m/s^{2}이라고 하면, 아래 식이 나온다.

$$h = \frac{1}{19.6} \times V^2 \cdots\cdots\cdots\cdots\cdots\cdots (6)$$

도달 고도는 던지는 속도의 제곱에 비례한다. 역학에서는 '공을 던지는 순간에 얻은 운동 에너지가 도달 고도에서 위치 에너지로 변한다'라고 말하지만, 실제로는 상승하다가 공기 저항으로

그림 6-11 모형 비행기의 상승 방법

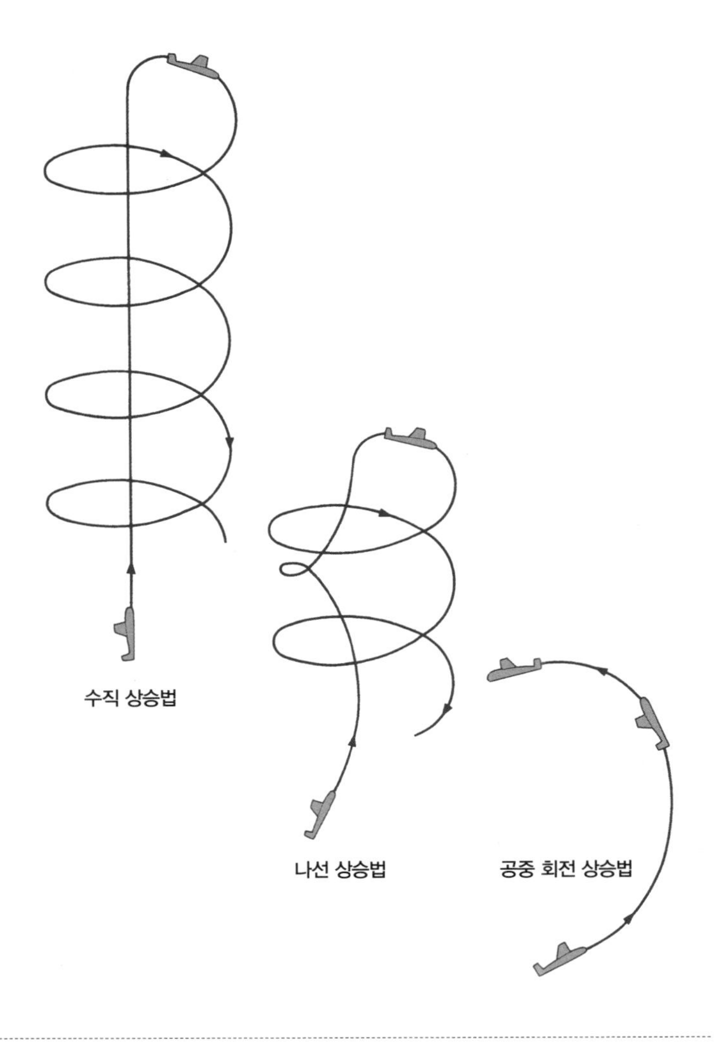

인해 운동 에너지 일부를 잃기 때문에 계산한 높이만큼 도달하지 못한다.

공기 저항은 기체의 치수와 형상으로 정해지며, 중량과 관계없다. 하지만 운동 에너지와 위치 에너지는 중량에 비례한다. 같은 치수와 형상을 가진 기체를 똑같은 속도로 던진다면, 중량이 클수록 공기 저항으로 잃어버리는 에너지에 비해 던진 에너지가 훨씬 크므로 더 높이 올라갈 것이다.

모형 비행기를 날리는 것과 공을 던지는 것의 차이는 모형 비행기가 던지는 방향으로만 날아가지 않는다는 점이다. 게다가 높이 올라가도 활공으로 이어지지 않으면 오랜 체공 시간을 기대할 수 없다. 그래서 모형 비행기를 날리는 여러 방법이 고안되었다. 이 책에서는 '나선 상승법', '수직 상승법', '공중 회전 상승법'이라 부른다.(그림 6-11)

일반적으로는 나선 상승법을 많이 사용한다. 기체를 오른쪽으로 약 45도로 비스듬하게 겨냥해서 상공에 던진다. 왼쪽으로 선회하도록 조정한 기체는 처음에 오른쪽으로 기울어진 기체의 영향으로 오른쪽을 향해 선회를 하면서 상승한다. 정점에 가까워짐에 따라 오른쪽 기울어짐이 작아지다가 왼쪽으로 선회 활공을 시작한다. 정점 근처에 도달했을 때 기체 자세가 비교적 수평에 가까워진다. 발진 속도와 각도의 편차로 도달 고도에 차이가 생겨도 활공으로 전환할 때 실속이 잘 발생하지 않는다는 장점이 있다.

수직 상승법은 높은 고도에 도달하는 데 유리해 보이지만, 높은 고도에 도달하려면 상승하는 비행기의 진로를 계속 수직 방향으로 유지해야 한다. 그리고 상승 정점에서는 위로 향하고 있던 기수를 순간적으로 수평으로 돌려 활공으로 전환해야 한다. 이런 '실속 회복'에 실패해서 기수가 아래를 향하면, 수직으로 급강하한다. 실속 회복 조정이 특별히 중요한 상승법이다.

공중 회전 상승법에서는 기체 좌우의 수평을 유지한 채 비스듬하게 전방을 향해 던진다. 발진 속도와 위로 향하는 각도가 적당하다면, 기체는 수직으로 원호를 그리며 상승한다. 거의 반원을 그린 정점에서 뒤집힌 순간, 실속 회복이 일어나 정상적인 활공 자세에 들어간다. 발진 속도가 느리면, 반원을 그리는 도중에 기수가 위를 향한 채 실속해서 낙하한다. 반대로 발진 속도가 지나치게 빠르면 반원을 그리며 정점에서 뒤집힌 뒤에도 그 기세가 남아서 그대로 원호를 계속 그리며 비행하다가 급강하한다.

고무줄로 발진하는 모형 비행기의 도달 고도를 생각해보자. 발진 속도와 도달 고도의 관계는 손으로 던질 때와 같으므로, 고무에 축적된 에너지로 내는 발진 속도가 도달 고도를 결정한다.

용수철처럼 탄성을 가진 물체를 단위 길이만큼 당기는 데 필요한 힘을 '용수철 상수'spring constant라고 하며, 고무는 당겨서 늘어난 길이에 따라 용수철 상수가 달라지지만, 간단하게 설명하기 위해 용수철 상수가 일정하다고 가정한다. 용수철 상수 k(g/cm), 고무가 늘어난 길이 x(cm), 기체 중량 W(g), 초속 V(m/s), 중력 가속도 g(m/s²)라고 하면, 고무에 축적된 에너지 $\frac{kx^2}{2}$가 기체의 운동 에너지 $\frac{WV^2}{2g}$로 변하므로, 두 에너지가 서로 같다고 하고 (고무의 무게와 공기 저항은 무시한다.) 앞에서 구한 속도와 고도의 관계식(231쪽 식(6))에 대입하면, 고무를 사용한 경우 도달할 수 있는 고도 h(m)는 아래와 같다. 이에 따라 세 가지를 알 수 있다.

$$h = \frac{k \times x^2}{200 \times W}$$

1. 고무 탄력이 강할수록 상승 고도는 높아진다.
2. 고무 탄력이 같다면 당긴 길이의 제곱에 비례해서 고도가 높아진다.
3. 기체 중량이 가벼울수록 높이 올라간다.

빠른 발진 속도를 얻기 위해 무작정 탄력이 강한 고무를 사용하거나, 고무를 강하게 당겨서는 안 된다. 발진 속도가 빨라지면 기체에 가해지는 공기력이 속도의 제곱에 비례해서 커지므로,

기체 각 부분이 순간적으로 크게 변형되어 예상하지 못한 방향으로 비행할 가능성이 있다. 사람이나 물체에 충돌하는 사고라도 일어난다면 피해가 커진다. 충격도 속도의 제곱에 비례해서 커지기 때문이다. 모형 비행기를 날린다고 해도 진짜 비행기와 마찬가지로 안전을 가장 먼저 생각해야 한다.

모형 비행기의 설계 사례

— 종이비행기 오래 날리기 대회가 있는데, 대회에 활용한 설계 사례를 예시로 들겠다. 이 경기는 단 한 번의 체공 시간으로만 경쟁하는 것이 아니라, 여러 번 던진 시간을 합산해서 순위를 결정한다. 거기에 'MAX제'라는 규칙을 적용해서 한 번에 비행한 시간이 일정한 값(예를 들어 60초)을 넘더라도 그 기록으로만 인정한다. 어쩌다가 상승 기류를 잘 타서 장시간 체공한 결과가 합계 시간에 큰 영향을 미치면, 평균적인 기술 수준을 평가하지 못하게 된다는 근거로 만든 규칙이다.

1982년부터 1년에 두 번씩 열리는 '기무라컵 종이비행기 대회'(니혼대학 이공학부 항공연구회 주최)의 오래 날리기 부문 기록을 참고로 소개한다. 이 종목은 '손으로 던지기'와 '고무로 날리기'로 나뉜다. 참가자는 10번씩 던져서 체공 시간을 측정하고 그중 상위 5개 기록을 합산해서 순위를 정한다. 60초 MAX제를 채택하기 때문에 만점은 300초다. 이제까지 우승한 기록을 보면 손으로 던지는 종목에서는 최고 기록이 197초, 최저 기록이 97초, 평균 기록은 155초였다. 고무를 사용하는 종목에서는 최고 기록이 300초, 최저 기록이 178초, 평균 기록은 240초였다.

오래 날리기 대회용 모형 비행기 설계 사례 두 가지를 소개하겠다. 두 가지 모두 니노미야 야스아키 선생님이 설계한 것이고, 그림 6-12A는 '레이서 539'형이라 하고, 그림 6-12B는 '레이서 526'형이라 한다. 선생님으로부터 양해를 구하고 이 책에서 소개한다.

레이서 539형은 손으로 던지는 기체로, 각종 모형 비행기 대회에서 우수한 성적을 거뒀다. 고무로도 날릴 수 있도록 고리 부분도 설치되어 있다. 양항비를 높이기 위해 주날개 평면형은 유도 저항이 가장 작은 타원형으로 했으며, 후퇴각은 없다. 기체가 크면 레이놀즈 수Reynold's number(유체의 층류와 난류를 결정하는 수)가 커져서 공기의 점성 저항이 감소하므로 양항비를 높이는 데 유리하다.

상반각이 2단으로 되어 있어서 롤링 안정을 충분히 얻을 수 있으며, 실속 회복을 확실하게 실행할 수 있다. 공기 저항을 줄이기 위해 매우 가느다란 동체를 가지고 있지만, 켄트지 열 장을 덧붙여서 손으로 던질 때 받는 옆방향 힘에 견딜 수 있게 만들었

그림 6-12A **대회용 비행기 설계 사례(레이서 539형)**

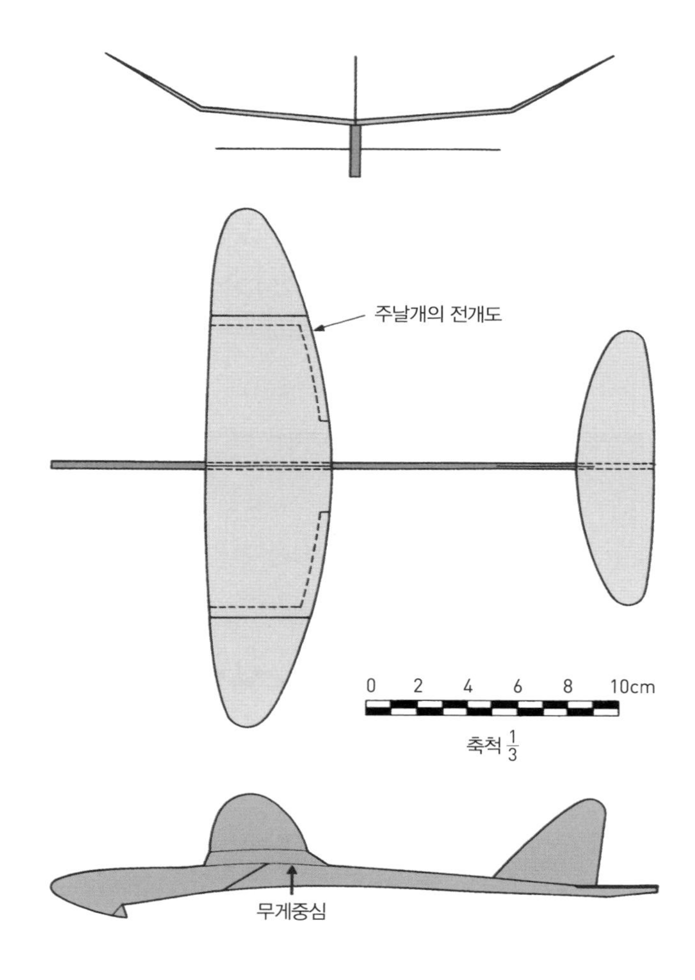

그림 6-12B **대회용 비행기 설계 사례**(레이서 526형)

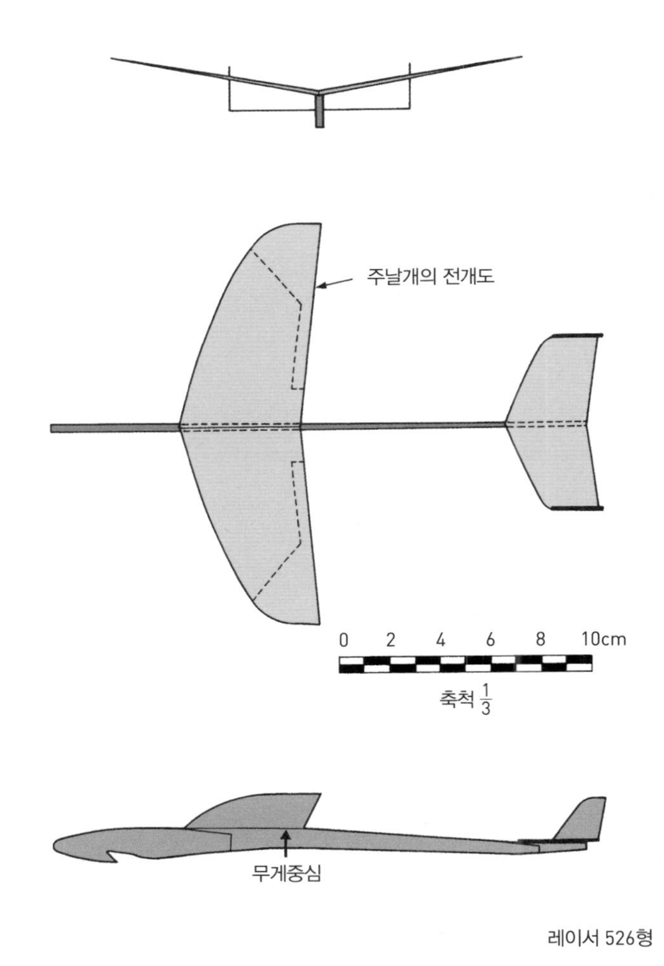

다. 동체 윗부분에 한 장으로 된 수직꼬리날개가 수평꼬리날개 위치와 반 정도 겹쳐지게 붙어 있고, 이를 통해 동체 뒷부분의 강도 변화를 자연스럽게 만들어 동체가 접히거나 휘어지는 것을 방지한다.

고무로 발진시킬 때는 기체를 90~95% 정도로 축소하면 더 높이 올라갈 수 있으며, 활공 성능도 뛰어나서 대회용 비행기로 사용할 수 있다.

레이서 526형 비행기는 고무로 발진하는 수직 상승형 대회용 비행기다. 손으로 날릴 때는 실현할 수 없는 높은 고도에 도달할 수 있다. 이 비행기의 특징을 539형 비행기와 비교해서 생각해 보자.

1. 539형의 기체 중량은 약 10g이지만, 526형은 약 6g밖에 나가지 않는다. 고무의 이점을 살려서 최대한의 발진 속도를 얻을 수 있다.
2. 소형 기체라서 주날개 너비는 전장의 약 75%밖에 되지 않으며, 날개 끝까지 보강이 되어 있다. 큰 발진 속도 덕분에 공기력에 견딜 수 있는 강도를 가진다.
3. 주날개 전연은 초승달처럼 생겼고, 후퇴각이 있다. 고속 발진할 때 주날개에 발생하는 진동flutter 때문에 운동 에너지를

잃어서 고도를 높이지 못하거나 비행 경로가 안정되지 못하는 것을 방지한다. 게다가 양력 때문에 주날개가 앞쪽 아래로 비틀어져서 받음각이 작아지므로, 기체가 수직 회전하려는 경향을 방지해서 수직 상승을 돕는다. 후퇴각이 있으면 날개 끝 실속이 발생하기 쉬우므로 실속 회복을 확실하게 실행하는 데 도움이 된다.

4. 수평꼬리날개의 양 끝에 위로 접힌 형태로 붙어 있는 수직꼬리날개 두 장은 발진할 때의 강한 공기 저항 때문에 기체 뒤로 당겨지지만, 이로 인해 수직꼬리날개가 붙어 있는 수평꼬리날개 부분은 전연이 올라가도록 비틀어진다. 이 덕분에 기수가 들어 올려지는 것을 억제하고, 수직 상승 자세를 유지할 수 있다. 상승이 끝나고 속도가 느려지면 수직꼬리날개에 가해지는 공기 저항이 작아져서 수평꼬리날개는 알아서 원래대로 돌아간다. 수직꼬리날개 두 장과 앞서 말한 주날개 후퇴각 조합이 이 비행기 설계의 훌륭한 장점이다.
5. 539형의 캠버 최댓값은 3%인 데 비해 526형은 0.5~1% 정도에 불과하다. 활공 성능에는 불리하지만 상승할 때 공기 저항을 줄여서 높은 고도에 도달하는 데 도움이 된다.
6. 상반각은 1단이며 작다. 후퇴각이 옆방향 안정을 높이는 작용을 하기 때문이다.

이처럼 많은 장점을 가진 설계지만, 실제로 높은 고도까지 수직으로 상승해서 고도 손실 없이 활공 상태로 전환하기 위한 실속 회복 조정을 위해서는 미묘하면서도 숙련된 기술이 필요하다. 이 조정에 실패하면, 수직 상승에 도움을 주는 기능이 수직 하강을 촉진한다.

세계 대회에 등장한 다양한 비행기 형태

— 마지막으로 세계 종이비행기 대회에서 나온 다양한 형태를 소개한다. 1985년, 미국 시애틀에서 열린 '제2회 세계 종이비행기 대회'World Paper Plane Championships 멀리 날리기 부문에서 입상한 기체의 설계 방식에 어떤 차이가 있는지를 살펴본다. 성인 부문 입상자는 6명이었고, 비행기 형태로는 '비행기형'과 '미사일형'이 있었다.(그림 6-13)

비행기형과 미사일형의 차이를 간단하게 표현하면, 비행기형은 자체 양력으로 정상 활공을 할 수 있지만, 미사일형은 활공할 수 없다. 미사일형의 비행 경로는 공을 던지는 것과 같이 포물선을 그린다. 그렇다면 어느 쪽이 멀리 날리기 대회에 유리할까? 양쪽의 비행 방법을 비교해보자.

공을 던질 때 약 45도 위로 던져야 가장 멀리 간다는 것은 널리 알려져 있다. 이때 날아가는 거리는 공을 수직으로 던졌을 때

그림 6-13 제2회 세계 종이비행기 대회 멀리 날리기 부문 입상 비행기

	전문가급	비전문가급
1위	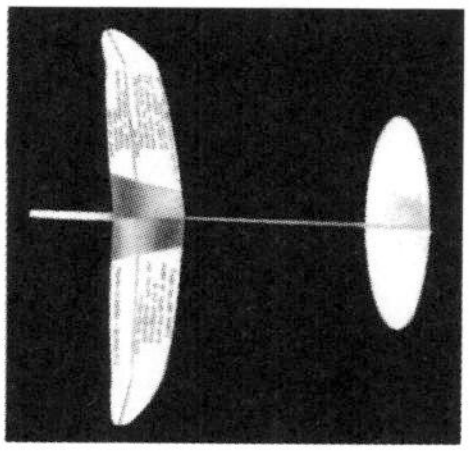 일본	 미국
2위	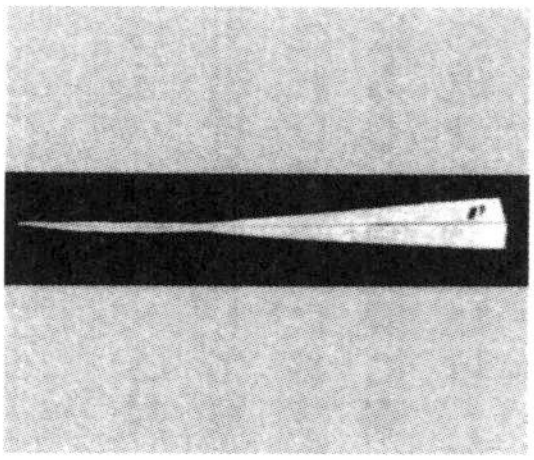 미국	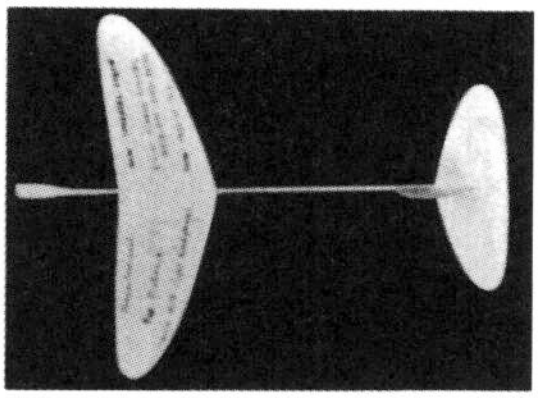 일본
3위	 일본	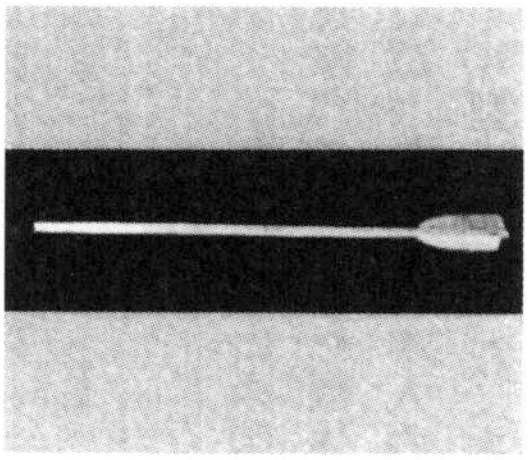 미국

도달하는 높이의 약 2배나 된다. 실제로는 공기 저항 때문에 공만큼 멀리 날아가지는 못하지만, 미사일형은 공을 던지는 방법으로 날려서 거리를 늘린다.

한편 비행기형은 미사일형처럼 거리를 늘리는 것이 아니라,높은 고도에 도달하는 것을 목표로 한다. 그리고 상승한 정점에서 수평 비행 자세를 취하게 하고 직선 활공하게 만든다.(그림 6-14) 이렇게 하면 상승한 정점의 고도에 양항비를 곱한 만큼의 거리를 비행할 수 있다. 만약 양항비가 7이라고 하면, 미사일형을 수직 위로 던질 때에 비해 반 정도의 높이밖에 도달하지 못해도 그 높이의 약 7배나 되는 거리를 활공해서 미사일형보다 먼 거리를 날아갈 수 있다.

세계 대회의 결과를 보면, 앞에서 설명한 바와 같이 목적과 목표에 따라 기체 형태가 달라짐을 확인할 수 있다. 이 사례에서 정리한 기체 형태는 기체가 탄도 비행을 하느냐 활공 비행을 하느냐에 따라 달라졌는데, 모두가 비행 거리를 늘리기 위해 가장 좋은 방법을 철저하게 이론적으로 검토하고 선택한 것이다.

이렇게 생각하면 비행기 모양을 가진 모형 비행기도 여러 형태 중 하나일 뿐이다. 보통형 비행기에만 한정해서 생각할 필요는 없다. 날리는 목적과 목표를 분명히 하고, 비행 원리를 반영하여 설계해서 제작한다. 어떤 형태라도 의도한 대로 멋지게 비행

그림 6-14 '미사일형'과 '비행기형' 모형 비행기의 발진 각도와 도달 거리의 차이

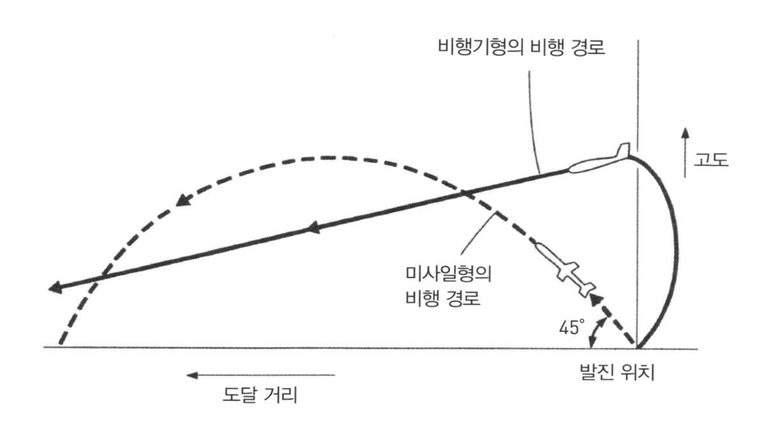

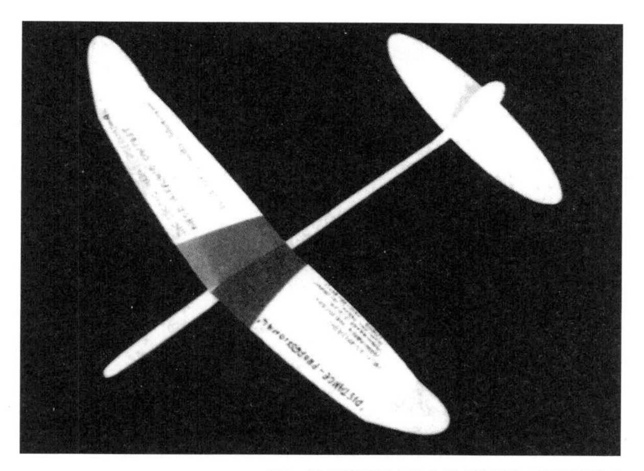

38m를 비행해서 우승한 필자의 모형 비행기

할 것이다.

오래전 케일리 경은 모형 비행기로 꾸준히 비행 원리를 연구했고, 그 덕분에 인류 최초의 유인 글라이더 비행에 성공했다. 게다가 케일리 경의 연구는 오늘날 여러 비행기의 형태가 탄생할 수 있는 기초가 되었다. 모형 비행기를 직접 설계하고 제작하면, 항공 역학을 몸소 익힐 수 있다. 그렇게 쌓은 지식은 어떤 비행기를 마주하더라도 비행 원리를 파악할 수 있게 도와줄 것이다.

A~Z / 숫자

G 163~165, 167, 170, 179, 184, 185

X자형 날개 18, 19

가

가변피치 프로펠러 39, 40

가변후퇴익 18, 19, 45

견익 120, 121

견인식 28, 32~34

경계층 64, 65, 87

경사익 18, 19

계기류 135, 136

고양력 장치 66~69

고유 안정성 110, 111, 127

고익 120~123, 193, 196

공기 밀도 39, 53~55, 76, 77

공기 저항 34, 36, 39, 43, 46, 60, 76, 78, 84, 141, 154, 156, 231, 233, 235, 238, 242, 246

공기력 104, 191, 195, 196, 200, 202, 218, 235, 241

공중 회전 상승법 232~234

금속제 단엽 방식 35

꼬리날개 17, 20, 22, 31, 40, 43, 112, 114, 174, 176, 177, 190, 210, 214, 218, 226

나

나선 강하 150, 152, 153, 207, 225

나선 상승법 232, 233

난류 65, 238

날개 표면 압력 분포에 의한 저항 78, 79

다

단면적 법칙 80, 81

단엽 28, 31, 35, 40

단엽기 28, 31, 32, 34, 36

대기 속도 141

대지 속도 141

더치롤 128, 129, 207

도달 고도 231, 233, 234

도움날개 15, 16, 25, 26, 103, 106, 108, 109, 123, 131, 135, 136, 138, 146,

148～153, 157, 175, 219, 225, 227
두랄루민 39

라
레버 135, 139, 145
레이놀즈 수 238
롤링 20, 91, 104, 106, 110, 114, 115, 117, 118, 120, 122～129, 153, 193, 198, 221, 238

마
마력 36, 82, 83, 139
마찰 저항 65, 78, 81, 141, 156
마하 43, 45, 78
모멘트 202
모멘트의 팔 203, 205, 206
무게중심 90～92, 96～98, 100, 101, 111, 130, 157, 200～205, 214, 217, 218, 220, 222, 223, 228, 230, 239, 240
무미익 18, 19, 102, 103

바
받음각 51～53, 60～63, 65～67, 69, 76～79, 87, 111～113, 115, 117, 128, 130, 140, 142～145, 148, 149, 154, 168～171, 194, 195, 218, 226～230, 242
방향키 15, 16, 23～25, 28, 104, 105, 107～109, 135, 137, 139, 146, 148～151, 157, 225, 226
뱅크 109
뱅크각 146～149, 152, 153, 165～167, 225, 227
복엽 28, 31, 32,
복엽기 28, 34
붙임각 195, 199, 202, 214, 218, 223
비행 거리 35, 46, 183, 188, 246
비행 속도 37, 39, 50, 53, 54, 57, 58, 65, 76, 78, 82, 115, 117, 131, 139, 140, 142, 144, 145, 148, 154, 168, 170～172, 197

사
삼각익 17～19, 44～46, 102, 103
삼각형 날개 45, 70, 71, 81
삼면도 191, 207, 208, 213
상반각 15, 16, 20, 92, 114～119, 123, 126, 127, 129, 153, 157, 194, 196, 198, 207, 214, 218, 227, 238, 242
상승 시간 189, 215
선미익 17～19, 22, 27, 45
선회 26, 31, 108, 109, 127, 134, 136, 146～153, 163, 165～167, 215, 221, 225～227, 233
설계 급강하 속도 172
설계 운동 속도 168

소리의 벽 43
수직 상승법 232~234
수직꼬리날개 14~16, 19, 21, 22, 27, 92, 104, 106, 111, 113, 114, 128, 129, 161, 162, 193~195, 206~208, 218, 222, 223, 241, 242
수직꼬리날개 용적 206
수평꼬리날개 14~17, 21, 27, 28, 45, 92, 100~103, 111, 112, 114, 130, 131, 161, 162, 193~197, 200~209, 214, 220, 222, 223, 226, 230, 238, 241, 242
수평꼬리날개 용적 203~205
순항 속도 65, 172
슈퍼차저 39
스포일러 15, 16
슬랫 67, 68
슬롯 68, 69
승강키 15, 16, 23~25, 27, 28, 100~103, 131, 135, 136, 138, 140, 142, 144~146, 154, 156, 157, 204, 218, 222, 226, 227, 230
실속 61~64, 66, 67, 69, 78. 130, 140, 149, 168, 169, 192, 195, 207, 216, 221, 234, 242
실속 회복 207, 216, 234, 238, 242

아

아음속 78
안전율 180, 181
얇은 날개 58~60, 199
양력 20, 50~55, 58, 60~62, 65~67, 70, 72, 73, 76, 78, 79, 82, 85, 87, 95~97, 100, 101, 106, 109~113, 115, 117, 120, 123~126, 130, 139~142, 144, 146~151, 153~155, 165, 166, 168, 170, 171, 174, 175, 185, 189, 199~202, 204, 206, 218, 225~227, 242, 244
양력 계수 54, 57, 60, 61, 66, 67, 69, 77, 78, 140, 189
양력중심 96~98, 100, 101
양항비 189, 238, 246
엔진 덮개 39
엔진 스로틀 135, 139, 142~145, 155, 157
엔진 출력 39, 99, 135, 140, 142, 144, 145, 148, 154, 226
여압 36, 176, 177
역요 150, 151
연결형 날개 18, 19
옆돌기 127, 134
옆방향 성분 109, 117
요잉 91, 104, 105, 110, 113, 114, 128, 129, 150, 221
용수철 상수 235
유도 저항 78, 79, 81, 197, 199, 238
이륙 출력 140, 141
익면 하중 56, 57, 189, 197, 202

익현선 74, 75, 125, 195
익현장 52, 53, 58, 65, 73, 75, 197~200, 203, 205, 206
익형 53, 58~60, 65, 66, 68, 124, 125, 169, 199, 206

자

저익 36, 40, 120~123
전진각 74, 75
정면도 15, 193, 194, 196, 206, 207
조종 장치 135, 176
조종간 110, 135, 136, 138, 140, 142~148, 152~155, 168
조파 저항 78, 80, 81
종극 하중 181
종횡비 71, 73, 74, 81, 199, 205
중량 관리 161, 162
중력 50, 84~86, 95~97, 100, 101, 110, 140, 144, 147, 148, 164~166, 171, 175, 179, 225
중익 120, 121
직선익 19, 44, 45

차

착륙 장치 21, 22, 37, 40, 141, 161, 162, 174, 177
체공 시간 46, 188, 189, 192, 202, 233, 237
최대 급강하 속도 172
최종 진입 154
추력 82~87, 96, 98~100, 104, 110, 139, 142, 143
추진식 24, 28, 32~34
충격파 81, 87, 124
측면도 193, 194, 206
층류 62, 65
층류익 64, 65, 87

카

캠버 52, 53, 67, 131, 199, 206, 214, 218, 223, 242
코안다 효과 69

타

테이퍼 날개 70, 71, 73~75, 197
테이퍼 비 74, 75, 197, 198
테이퍼익 14,16
트림 102

파

파라솔 날개 120, 121
페달 135, 137, 139, 150
페일 세이프 182, 183

평균 공력 시위 74, 75
평면도 15, 18, 193, 194, 195, 205
프로펠러 동조기 34
플랩 15, 16, 39, 67~69, 131, 139, 140, 154
피칭 90, 91, 100, 101, 103, 104, 110, 112, 114, 128, 130, 193, 203, 222, 224, 228, 230

하

하강률 154~156, 173, 189, 192, 202, 225, 227~229
하반각 126, 127
하중 106, 163, 165~177, 180, 181, 184, 185, 208, 210
하중 배수 164~166, 168, 169, 171, 172, 175, 178, 179
항력 20, 76, 77, 79, 82, 84, 85, 95, 96, 98~100, 110, 142, 144, 148, 150, 151, 189
항력 계수 77, 78, 189
항속 거리 40, 58
활공 조정 215, 216, 224, 227, 231
활공각 85, 189, 228, 229
후퇴각 14~17, 19, 41, 43, 45, 74, 75, 81, 124~128, 197, 198, 238, 241, 242
힘의 3요소 96

비행 원리

《경비행기의 조종》, 나이토 이치로, 간토사, 1971년
《비행 이야기》, 가토 간이치로, 기호도출판, 1986년
《비행기는 어떻게 나는가》, 곤도 지로, 고단샤 블루백스, 1975년
《비행기의 숨겨진 비밀 기술》, 가토 간이치로, 고단샤, 1994년
《비행의 원리》, 이와나미신서, 1965년
《사람과 기계》, 사누키 마타오, 고단샤, 1985년
《점보 제트기는 어떻게 나는가》, 사누키 마타오, 고단샤 블루백스, 1980년

모형 비행기 만드는 법, 날리는 법

《라이트 플레인을 날리자》, 노나카 시게요시, 일본방송출판협회, 1976년
《모형 비행기 : 이론과 실제》, 모리 테루시게, 전파실험사, 1971년
《시합용 모형 비행기 모음》, 요시다 다쓰오, 세분도신코샤, 1986년
《잘 나는 모형 비행기 모음 (제1집~제7집)》, 니노미야 야스아키, 세분도신코샤, 1972년~1984년

비행기 설계 기본

《Back to the Drawing Board : The Evolution of Flying Machines》, Allen Andrews, Ure Smith, 1977년
《비행기 설계론》, 야마나 마사오, 나카구치 히로시, 요켄도, 1968년
《항공기 설계》, 바바 토시하루, 마키쇼텐, 1980년

사진 제공

니노미야 야스아키, 전 일본 종이비행기 협회 회장
노자와 다다시
후지중공업

옮긴이 전종훈

서울대학교 전기공학부를 졸업 후, 일본 문부과학성 초청 장학생으로 도쿄대학교 전기공학과 대학원을 졸업하였다. 북유럽에서 디자인을 공부한 후, 현재는 산업 디자이너로 일하면서 번역에이전시 엔터스코리아에서 출판기획 및 일본어 전문 번역가로 활동 중이다. 옮긴 책으로는《비행기 구조 교과서》《선박 구조 교과서》《양자야 이것도 네가 한 일이니》등이 있다.

비행기 역학 교과서

인문지식인을 위한 비행기가 하늘을 날아가는 힘의 메커니즘 해설

1판 1쇄 펴낸 날 2019년 1월 15일
1판 2쇄 펴낸 날 2019년 9월 20일

지은이 | 고바야시 아키오
옮긴이 | 전종훈
감　수 | 임진식

펴낸이 | 박윤태
펴낸곳 | 보누스
등　록 | 2001년 8월 17일 제313-2002-179호
주　소 | 서울시 마포구 동교로12안길 31
전　화 | 02-333-3114
팩　스 | 02-3143-3254
E-mail | bonus@bonusbook.co.kr

ISBN 978-89-6494-361-8 03550

• 책값은 뒤표지에 있습니다.
• 이 도서의 국립중앙도서관 출판예정도서목록(CIP)은 서지정보유통지원시스템 홈페이지(http://seoji.nl.go.kr)와 국가자료공동목록시스템(http://www.nl.go.kr/kolisnet)에서 이용하실 수 있습니다.
(CIP제어번호: CIP2018038216)